U0176225

安托瓦内特·马特林斯
Antoinette Matlins

安托瓦内特·马特林斯是珠宝首饰领域拥有超多粉丝的作家。她的作品以 8 种语言出版，在 100 多个国家发行，被世界各地的消费者和珠宝领域行家广泛传阅。

安托瓦内特·马特林斯，职业珠宝鉴定师、英国宝石协会会员，是一位具有国际声誉的珠宝首饰专家，还是著名的作家与演讲者。曾获国际注册珠宝鉴定师协会最高奖项卓越奖。著作包括《钻石》《彩色宝石》《宝石鉴定》《珍珠》等。

作为一位专业的珠宝首饰消费倡导者，马特林斯获得了广泛认可。她发起了注册宝石学家协会在全美打击宝石投资电话诈骗的活动。她还是一位很受大众媒体欢迎的节目嘉宾，曾在 ABC（美国广播公司），CBS（美国哥伦比亚广播公司），NBC（美国全国广播公司），CNN（美国有线电视新闻网）这些媒体给消费者讲授关于珠宝首饰的知识及鉴别技巧。

钻石

第三版
3th Edition

DIAMONDS

[美] 安托瓦内特·马特林斯 著　刘知纲 译

中国友谊出版公司

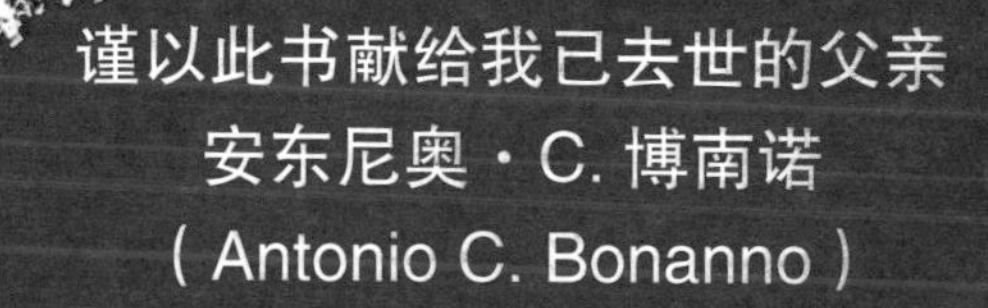

谨以此书献给我已去世的父亲
安东尼奥·C. 博南诺
（Antonio C. Bonanno）

我的父亲于 1996 年过世，他在我孩提时代时就开始鼓励我，让我的世界充满魔力和神奇。他是我的良师益友，是我这三本书的共同执笔者。虽然他的名字没有出现在封面，但他的知识和智慧，他的言语、思想和价值观，贯穿整本书。我对父亲有着永恒的感激之情。

目录

第二部分　钻石

第三部分　款式与设计
按您的想法设计并做出成品

第四部分 购买前和购买后的重要建议

附 录

价格指南

专业图表

致 谢

有许多良师益友在我学习钻石这个令我激动的专业的过程中给了我许许多多的帮助。其中有些人对我工作的影响和支持比较突出，我必须特别地感谢他们，除了我的父亲外，我想感谢我的哥哥肯尼思·博南诺（Kenneth Bonanno），他是英国宝石协会（F.G.A.）会员、职业宝石鉴定师（P.G.）；我的两个姐姐卡伦·博南诺·德·哈斯（Karen Bonanno De Haas）和凯瑟琳·博南诺·帕特里奇（Kathryn Bonanno Patrizzi），她们也都是英国宝石协会会员、职业宝石鉴定师。我从他们那里继续学习，并分享与他们讨论关于宝石学的问题的快乐。我还要特别感谢在纽约的美国宝石实验室的创立者和前主管C.R.“卡普”·比斯利（C.R. “Cap” Beesley），他是一位极好的老师，并且他的研究成果和领导水平让整个珠宝界受益匪浅。

我还要感谢已故的罗伯特·克劳宁希尔德（Robert Crowningshield）先生，美国宝石学院宝石贸易实验室鉴定服务部前副经理，他是我父亲极好的朋友，每次我对宝石方面有问题的时候他都很热心地帮助我。克劳宁希尔德先生在过去的半个世纪持续在钻石和宝石领域进行研究工作，他在宝石学文献方面的贡献对我们现在所熟知的宝石学体系的形成有很大的帮助。

在宝石出版社，我要感谢桑德拉·克林查克（Sandra Korinchak）、波莉·马奥尼（Polly Mahoney）、布里奇特·泰勒（Bridgett Taylor），和他们一起工作让整个过程非常愉快。最后，我想感谢我的丈夫斯图尔特·马特林斯（Stuart Matlins）给我无尽的支持和鼓励，以及他在我奔波在外工作时心甘情愿地独守空房。

美国宝石贸易协会（AGTA）在亚利桑那州图桑举办的宝石展期间一个研讨会上，安托瓦内特·马特林斯正和她父亲开玩笑。（注意老先生的领带，他最爱的“宝石”领带，从20世纪50年代起，每次去珠宝展他都佩戴！）

第三版前言

从小时候开始，我就因为周围能接触到各种漂亮的宝石和有机会参与宝石贸易而开心。我父亲是一位有名的宝石学家、评估师和收藏者，他在过世之前被称为“现代实用宝石学之父”。我有机会沉醉在那些我父亲私人收藏的以及那些被送去给他鉴定与评估的宝石中。

茶余饭后都是在聊发生在我父亲办公室的事情。有时他会用一份他有幸进行鉴定或者测定的数据特别好，抑或稀有的宝石的报告来让我们激动一下，但更多的时候，他告诉我们的是一些不了解情况而被坑害的故事。这些故事有时可能是一位曾经到过非洲的士兵以为在那里买到的价值昂贵的

“钻石”其实只是石英石；有时是一位家庭主妇在一次资产拍卖会上买到的“钻戒”，结果只是无色锆石或者白色刚玉；有时是一位医生认为自己为爱人买了颗稀有的“金丝雀”色彩钻，结果却很沮丧地得知这颗钻石迷人的亮黄色不是天然的，而是人工处理加色的，远远值不了他所付出的价钱。

我在对钻石的深深爱好和无限欣赏中成长，也养成了敏锐关注宝石贸易中的陷阱的习惯，由此有了我的第一本书《珠宝和宝石：购买指南》（*Jewelry & Gems: the Buying Guide*）。第一本写给消费者和非专业购买人士去了解他们想买的和买了的东西的书，有7种语言的版本，包括英语、阿拉伯语、希腊语、匈牙利语、日语、西班牙语和俄罗斯语，发行量超过50万册。在钻石领域前后有过许多的发展变化，很需要一本专注于钻石方面的书。

对于那些喜欢钻石和颜色的朋友来说，从我们这本书上一版开始最令人兴奋的进展之一是迅速流行普及的关于彩色钻石的内容，包括各种颜色与级别的彩钻。对于那些喜欢与众不同的、独特的宝石的人来说，没有什么比兼有颜色和闪耀度以及火彩的彩钻更有吸引力。不论您喜欢哪种颜色，在钻石身上表现出来的总是比在其他宝石身上要炫目很多。

最大的流行风暴来自“棕色”钻石，从浅米色到深干邑白兰地色，这是被时尚潮流和首饰设计师搬到聚光灯下的价格最实惠的彩色钻石，比无色的或者其他接近无色的钻石都要实惠。现在赶时髦的妇女们几乎没有不想要的，小颗粒的每克拉[①]几百美元，大颗粒深颜色的也不超过1万美元，这个价钱通常只是无色钻石的几分之一。

随着彩色钻石越来越流行，市场的需求也在逐步扩大，即便是不那么稀有的颜色，其价格也在上涨。而那些稀有颜色的钻石，如红色、粉色、蓝色、绿色等，则不受全球金融危机的影响，价格一而再地创纪录。随着彩钻价格的持续攀升，各种黑店的欺诈和误导消费者事件也层出不穷，消费者在购买彩色钻石的时候尤其需要谨慎（更多关于彩色钻石购买可能出现的欺诈风险信息详细参见第二部分第10章）。

此外，新的宝石优化技术能让天然钻石看起来更白，也能把钻石不受欢迎的颜色转变成很漂亮的。如果您知道这种钻石上的颜色不是天然的，购买这种昂贵珍稀的天然彩钻的替代品就只需要付您能承受得起的合理价钱。让我们以最稀有、最昂贵的红钻为例，人工改色的红钻虽然也不便宜，但其价格只是同样的天然红钻价格的几分之一。

然而，并不是所有的颜色改善方法都是令人满意和永久性的。比如，临时表面涂覆处理法就不是永久性的办法，处理出

① 1克拉=0.2克。

来的颜色在未来某个时段就可能会变回原来那种不太受欢迎的颜色。这种处理方法在小颗粒的粉色和蓝色钻石上尤其比较多见，涂覆处理改色的粉色和蓝色在群镶首饰中的小颗粒钻石上用得很多。

在人工合成钻石领域，我们一直在关注技术的进展，无色的合成钻石现在已经有大颗粒的了，市面上已经有切磨好的1克拉左右的。现在有的实验室能合成出多种颜色的彩色钻石，不仅包括各种的黄色调，还有许多很稀有的颜色，包括红色、蓝色、粉色等。这里要提醒大家注意，那些非常漂亮的彩钻，即使只有十分之一克拉，也最好有鉴定证书，而通常其他只有不超过五分之一克拉的才不会附有鉴定证书。如果这些彩钻按天然品的价格出售，那么很有必要证明这些彩钻不是人工合成的，而且颜色也是天然的。

另一件比较让人担心的事情，是钻石颜色级别在不同光源条件下可能出现级别差。这个问题在交易中被调整解决之前，您有必要了解一下如何确保您买到的是自己想要的级别并且付的是对应的合理价钱。

和我编写的其他书籍一样，本书的目的也是给消费者购买钻石提供一个基本而完整的指导，无论您的购买行为是为了个人喜欢还是为了寻找一件礼物或是作为一件值得珍藏的精美投资品。本书的受众广泛，包括：想要购买一件耀眼的礼物给爱人以铭记某个特殊时刻的丈夫、妻子或者父母，想要给自己的结婚戒指上找一颗完美主石的年轻夫妇，想要在钻石矿区或者加工中心附近买到价廉物美钻石的观光客、商务旅行者或者当地技工，以及仅仅因为喜欢钻石、希望了解钻石知识的藏家和鉴赏家。无论您的诉求怎样，这本书会以您能理解的方式给您需要的信息。

在本书接下来的部分，您将会发现您做明智的选择和避免代价高昂的错误所需要的东西。我想强调的是，我的目的不是给您虚假的自信，也不是为了打击您的信心或阻止您购买钻石或钻饰。我的初衷是让您在交易中少上当，并了解从知识渊博、信誉高的珠宝商那里购买的重要性；让您成为一个更懂行的购物者，并把迷惑甚至恐惧的采购体验变成一种有趣、兴奋和安全的体验。

希望您能喜欢我这本《钻石》并认为它是不可或缺的。最重要的是，我希望本书能除掉您对购买的恐惧感，使您能体验、发现您眼中“完美”钻石所带来的惊奇和浪漫感觉，当您端详这颗特殊的石头的时候，会有喜悦的火花闪过双眼。

安托瓦内特·马特林斯

引　言

纵观历史，钻石受到的赞誉都在其他各种宝石之上。钻石的美、稀有度以及与生俱来的“魔力”使得它们被视作王位、权力、财富和爱的象征。任何一种文明、任何社会都期望能够拥有并展现这些闪闪发光的宝物的美。直至今日，我们依然秉持这些理念，全球的钻石销售也达到了前所未有的新高度。

在过去的每一年中，世界钻石业不断取得新发展——令人惊讶的新设计、新琢形、奇幻颜色，重要的钻石新矿山在包括科罗拉多和加拿大等地被发现，尤其加拿大迅速成为一个高品质钻石的重要来源。信不信由您，我们甚至发现钻石能作曲（参看第一部分第1章）。

但是随着更多的新发现涌现出来，更多的事情需要多个心眼，有更多的理由让您的选择不要仅仅基于价格：

·**钻石改色有了新的方法**。包括比较复杂的高温高压处理法，把普通的稍带颜色的钻石转变成很受欢迎的无色或者独特的彩色钻石，还有比较简单的类似于表面涂覆的方法（参看第二部分第10章）。

·**新的激光打孔处理技术以及玻璃级充填物技术**。被用于提高钻石净度（参看第二部分第7章）。

·**人工合成的钻石**。已经能够制取大颗粒和多种颜色的，有时会被误鉴定为天然品并出售（详见第二部分第10章）。

·**某些新出的钻石仿制品能迷惑一些传统的钻石测试仪器**（详见第二部分第10章）。

如今让钻石选购更复杂的是市场自身，决定去哪里买是件复杂的事情。零售市场竞争比以前更激烈，每个大型商场都有不少于10家珠宝店，现在美国几乎每个州都突然冒出一些商家的展厅向顾客展示并声称以批发价销售钻石。电子商务，包括在线拍卖网站，介入了传统的钻石销售市场。

钻石品牌化崭露头角

为了吸引顾客并使他们对产品的品质和可靠性放心，许多公司现在为他们所销售的东西打造一个品牌，当我们看到这个名字，我们就能识别并对其信任。类似于钻石供应商戴比尔斯(De Beers)公司，现在直接销售戴比尔斯品牌的钻石，因为这个品牌具有很高的知名度，在钻石领域有着无与伦比的专业性的信誉度，公司希望这种品牌识别能使消费者在购买他们产品的时候比其他商家更有信心。

零售商和设计师卷入品牌打造的行动中来。您会发现一些特殊定制的钻石琢形，类似于蒂芙尼（Tiffany）独有的闪亮星琢形（Lucida™）钻石，艾斯卡达琢形（Escada®）设计品牌专门为著名的时装店服务，闻名天下的瑞士摩凡陀（Movado）手表公司拥有独有的摩凡陀钻石（Movado Diamond）品牌，独特的贵族琢形（Noble Cut™）由设计师多伦·伊萨克为他的库蒂尔宝石收藏公司（Couture Gems collection）打造，甚至钻石切磨商都在打造自己的品牌，为了让顾客确信其精密切磨的琢形能最大程度地展现钻石的美。当前，一些最有名的琢形品牌，包括拉扎尔·卡普兰理想琢形（Lazare Kaplan Ideal®）、八星琢形（EightStar®）、燃烧的心琢形（Hearts on Fire®）、加布里埃尔琢形（Gabrielle®）、康泰克斯琢形（Context®）、蒂安娜琢形（Tiana™），以及太阳之魂琢形（Spirit Sun®）等，都希望品牌能有助于让消费者确信他们的精密切工（更多关于切工方面的注意事项和创新变化等事项，见第二部分第5章）。品牌钻石有特殊的标记，以便于鉴别和核实。目前主要是通过激光打标技术把相关信息刻在钻石的腰棱上，通常包括品牌名称和商标（logo），以及与该钻石鉴定证书相符的登记号。

越来越多的品牌进入这个市场，但是现在大多数销售的钻石没有品牌识别。许多漂亮的钻石没有激光标记，但它们同样美丽炫目，有些甚至价值不菲。更要紧的是，钻石激光标记已经能被改动或者复制到新的钻石上去，有时改动、复制的印记和原版如此相像，以至于只有在放大镜下才能被看出。记住，品牌名称并不是品质的保证，尤其在一些二级市场，类似于资产拍卖、竞卖会、典当行等。已经有报道，说市面上发现有假冒著名品牌的带有激光打标的标识和编号的钻石，经鉴定其品质参数被虚标，所以我们不能不防范这种可能出现的诈骗陷阱。也许新技术会带来解决的办法，例如离子束技术，能给这个领域带来一些新的保障（参见第二部分第9章）。

钻石品牌化的未来之路会如何目前还不知道，是让顾客觉得有帮助还是更迷惑，只有时间能给我们答案。但无论如何，品牌不能替代知识的作用。

对于您要买的东西尽可能多地了解，是寻觅到您想要的东西、付合理的价格并在之后的几年中不后悔的关键所在，现在的学习机会比起以往任何时候都要好。在本书中，您会得到您所需要的信息：

- 影响钻石品质差异的因素。
- 钻石分级报告，以及如何理解相关信息的含义。
- 如何去比较价格。
- 如何找出看似品质相同的钻石的不同点。
- 预防欺诈行为。
- 如何不被误导。
- 如何选择合适的款式与设计。
- 购买钻石的时候该问哪些问题。
- 需要哪些书面的东西。
- 如何选择可靠的珠宝商、评估师和保险经纪人。
- 如何在您的预算内得到您想要的东西。

……

购买钻石的体验不一定是困惑的、受打击的、吓人的，或者说恐怖的，在接下来的内容中，您将会发现体验魔幻的、兴奋的和开心的购买过程的关键所在。

安托瓦内特·马特林斯

PART 1

第一部分

欣赏钻石

第 1 章　钻石的魅力

不只在宝石中，而且在人类所拥有的财富中，最有价值的就是钻石……长久以来它只为统治者，而且是一小部分统治者所熟知。

摘自罗马历史学家盖乌斯·普林尼·塞孔都斯所著

《自然史》三十七卷（发表于公元 77 年）

钻石是历史上最让人梦寐以求的珍贵宝石之一。自古以来，未被切割的钻石被用于装饰骑士的盔甲，切磨后的钻石则用于装饰国王和王后的皇冠。如今钻石在全世界范围内被认为是爱情与婚约的象征。钻石，自然界最坚硬的物质，刀火不入，人类早期的各种努力都无法改变它，被认为有坚韧的能量和无敌的力量。钻石的英文名来自希腊文 adamas 和古罗马文 diamas，意思是“不可战胜的”。

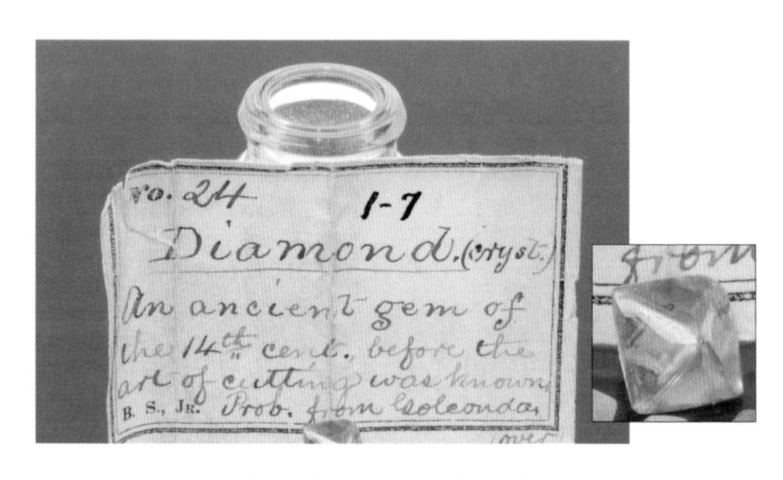

天然钻石晶体，从 0.05 到 3.18 克拉。
来自康奈尔大学的小本杰明·西里曼（Benjamin Silliman Jr.）的收藏。

关于钻石神秘功能的传说流传了许多个世纪。在印度，钻石最早在几千年前就已经被发现，其最大价值在于被认为有强大的能量和魔力，而非其耀眼的美。钻石被认为能保护佩戴者免于蛇、火、毒药、疾病、小偷以及各种邪恶力量的侵害。

钻石作为十二宫中白羊宫对应的宝石，白羊座的象征，被古代的占星者坚信对在火星底下出生的人具有强大的力量，他们认为钻石能提供勇气和心灵的力量、婚姻中持续的爱，以及能避开巫术、毒物及梦魇。

每一种文化都因为钻石的特殊性质而对其视若珍宝，赞许颇多。古罗马人相信钻石佩戴在接触左臂皮肤的位置能帮助他们在战争中保持勇气和胆量，并使他们战胜敌人。有一段古文是这样写的："把钻石戴在左边的人会变得强壮和有男人魅力，这会使他在事故中免于对四肢的伤害，但是钻石一旦为没有自制力的人和醉鬼所佩戴，就会失去功力。”古代罗马人对于钻石的另一种使用就是把钻石嵌入钢铁中作为吉祥物以抵御精神疾病。

钻石被认为有许多魔幻的力量。有时它被认为是无所畏惧和不可战胜的象征，钻石的特性会赋予佩戴者卓越的力量、勇气和胆量。同时钻石也被坚信能驱除恶魔和黑夜的鬼神。

在公元1500年左右，钻石被看作能增强丈夫对妻子的爱的护身符。在犹太法典中，被大祭司佩戴在身上的宝石（根据描述很可能是钻石）被用于鉴别被控诉的人是否有罪，如果被控诉者有罪，这块宝石会变得黯淡，如果这个人是无辜的，这块宝石会比以前更耀眼。

除了无色的钻石亚种外，彩虹的各种颜色在钻石中都能找到。印度教徒是这样把钻石分成四个等级：婆罗门钻石（无色）能给人带来力量、友谊、财富和好运；刹帝利钻石（棕色/香槟色）能延缓衰老；吠舍钻石（浅绿色）能带来成功；首陀罗钻石（灰黑色，有着抛光后刀锋的光晕）能带来各种好运。红色和金黄色的钻石则仅仅被当作皇家的宝石，为国王所独有。

钻石被认为与好多东西有联系，从引起梦游到产生不可战胜感和销魂感，甚至性能力的强弱也都能与钻石扯上关系。关于钻石还有个棘手的问题，那就是钻石必须是被“天然”发现的才能有那么多神奇的功能，如果是通过购买获得的，那么钻石的这些功力就会失去。然而，如果钻石是作为定情物或者友谊的证物，它的效能又会回来，这是钻石作为订婚戒指的另一个好理由。

悦人眼耳的钻石

当钻石从视觉领域扩展到听觉领域后，它逐步而全面地给人提供一种新感受。如今，您除了可以喜欢钻石的外形外，还可以立刻决定是否喜欢钻石的音乐。

如今有先进的技术能把光波图样转化成声波，声音能一致地被复制和记录。每颗钻石都有独特的纹路图样，能转换成独特的声音。这种正在申请专利的创新技术被称为“钻石天籁”，世界著名钻石切磨专家加比·托尔可夫斯基（Gabi Tolkowsky）［美国现代理想钻石切工之父马塞尔·托尔可夫斯基（Marcel Tolkowsky）的堂兄弟］和专注于钻石激光识别技术的加拿大宝石印象公司是这方面的先驱（参看第三部分第 17 章）。

几年前我参加的一次会议上，加比·托尔可夫斯基放了一张 CD 音碟，梦幻般的抽象声音充满了整个房间。我们所听到的东西简直是来自另一个世界。当我们听到另一张音碟的时候，那曲子又是一种截然不同的，但是同样引人入胜的新潮音乐。然后我们被告知背后的作曲者是谁：两颗不同的钻石！我最近也购买了两颗钻石，用那种技术做了一张 CD 专碟，在佛蒙特州伍德斯托克邀请我作为特邀演讲嘉宾的欢庆活动中播放。这种音乐太震撼了……简直是魔幻的！

不远的将来的某一天，有可能我们去珠宝店选购一件钻饰，不仅是因为其漂亮的外观，而且是为了它独特的音乐效果。21 世纪的钻石不仅能让您眼前一亮，还能让您耳目一新。

第 2 章　了解钻石

钻石可不要随意地购买，对于未受过钻石相关教育培训的消费者来说有太多的陷阱，很容易被坑，这是一个基本的经验法则。规避购买钻石风险的最佳途径就是让自己去熟悉、了解这种石头。当然不能指望普通消费者做出和资深宝石专家一样的精准判断，宝石专家有着严格科班培训和丰富的实践操作经验，为其提供一个巨大的参考数据库。但消费者可以学会如何从整体上判断一颗钻石的质量，了解评判的关键要素——颜色、净度、切工、闪耀度和重量，以及如何综合判断钻石的价值。了解了这些要素，并且花时间在市场上多看、多听，并在购买前多问，这样您就会成为一位能找到您想要的东西并付出合理价格的精明买家。

尽可能多地学习想买的钻石知识，如检测您家人和朋友的钻石，在不同的珠宝店里对石头进行比较，记录它们在颜色深浅、闪耀度、切工等方面的不同，然后去一家比较好的正规的珠宝店，让他们拿些好的钻石给您挑选。如果价格变化很大，问问什么原因，让工作人员指出他们在颜色、切工、闪耀度等方面的差别。如果这家店说不出原因，换个珠宝店试试。通过看、听和询问来了解一颗好的钻石由哪些方面组成，这样就可以提高您的眼光。

在考虑购买任何钻石前，先问问您自己：

· 这是您喜欢的颜色吗？
· 这是您想要的形状吗？
· 这颗钻石吸引人吗？它是否有您喜欢的特征或者品相？
· 您看到它时是否感到激动？

如果您对这些问题的答案都是“对的”，那么您应该准备更仔细地对这颗钻石进行检测。

检测钻石的 6 个步骤

1. 只要有可能，要在钻石还没镶嵌进去的情况下进行检测。这样检测能更完善彻底，钻石的缺陷不轻易被镶嵌部位或者旁边的配石遮挡。

2. 确保钻石是干净的。如果您从一个零售商那里买货，问他是否可以清洗。如果这个地方没法清洗，哈口气，让水汽落到钻石上，然后拿一块干净的手帕擦拭，至少能清洁钻石表面的尘埃和油脂等物。

3. 用手指头抓住未镶嵌的钻石的腰棱（中间边缘部位）。手指头放在冠部台面（顶部）或者亭部（底部）可能会留下指印或者油痕，这会影响对颜色和火彩闪耀度的判断。如果您觉得能熟练使用宝石镊子的话，推荐使用宝石镊子。但是您要确保会使用宝石镊子，并确保在夹起来之前得到钻石所有者的许可，因为钻石可能会被夹掉，掉在地上有可能会损坏，甚至找不到了，而您可能要负责任。

4. 在合适的光源下看钻石。许多珠宝商习惯使用白色强光聚光灯，通常嵌入天花吊顶，有些使用特殊的聚光灯，这会使得很多种宝石，甚至玻璃仿制品都看起来有一种很奇妙的感觉。

荧光是用于专业性钻石分级的，但是在荧光灯底下，钻石的外观不像在常光下那样闪烁有火彩，其外观看起来要暗淡。我建议查看钻石应该在几种不同的光源下，包括自然光（有时珠宝商会让您走到窗边或者室外以便更好地观察钻石的品相）。光源应该在您顶部或者身后，从上面照下来或者穿透钻石。当光线穿过钻石的时候能真实地反映给您的眼睛。

5. 转动钻石从不同角度观察。

6. 如果您使用小型宝石放大镜，可聚焦在钻石表面或内部某一层面观察。看内部特征的时候，需要缓慢地移动钻石，抬高或者降低焦平面，直到观察完钻石内部的各个位置。如果您只是观察了钻石的表面，就无法了解它的内部特征。

如何使用宝石放大镜

宝石放大镜是一种特殊的小型放大镜，在许多环境下很有用，即便对于初学者也是如此。有了宝石放大镜，您就能方便地查看缺口、划痕或者更近距离地观察某种比较清晰显眼的包裹体。记住，即便有了宝石放大镜，您也不会有资深珠宝商和宝石专家所拥有的，通过看到的现象发现问题的知识和技巧。没有任何一本书能给您提供这样的知识和技能，也不要让自己被蒙骗或者学了一点皮毛就盲目自信，这样会很快地让一位声誉良好的珠宝商疏远您，也会让您成为臭名昭著的奸商的待宰猎物。

一旦您学会了如何使用，宝石放大镜会是一种很有用的工具，通过不断地实践、使用，它会变得越来越有价值。宝石放大镜合适的放大倍数通常是10倍（10×），也被称为三组合镜，通常在任何一家光学用品商店都能买到。这种三组合放大镜值得推荐，因为它矫正了其他放大镜常有的两个问题：一个是透镜外缘常见的颜色变化，也称为色差；第二个是像差（也叫视觉畸变），也常见于透镜外缘。顺便说一句，宝石放大镜的外包围颜色应该是黑色，而不能是金色或者铬黄色，这两种颜色都可能会影响您看到的宝石里面的颜色。

宝石放大镜的放大倍率必须是10倍，因为美国联邦商务委员会要求钻石的分级必须在10倍放大镜下完成，任何在10倍放大镜下看不到的瑕疵在分级中视作不存在，不予标注。

用上几分钟，您就能学会如何使用宝石放大镜。如下文所示：

1. 用任何一只手的拇指和食指握住宝石放大镜。

2. 用另一只手的相应指头抓稳钻石或者镶有钻石的饰品。

3. 把两只手靠在一起，手腕为支点，手腕上面部位靠近。

4. 把两手移到鼻子或者脸颊部位，让宝石放大镜尽可能靠近眼睛或眼镜。

5. 查看钻石的时候，手一定要拿稳，不能颤抖，双手紧靠，肘部靠在桌子上（如果没有桌子可以倚靠，就靠在自己的胸部至胸腔部位），如果自然地做这几步，您就能拿稳钻石。

10 倍三组合放大镜。

检测时如何握紧宝石放大镜。

使用宝石放大镜时，把它放在离眼睛一英寸[①]左右的地方，离要看的石头也在一英寸左右。学着掌握透过放大镜看石头。10 倍放大镜最初不那么容易聚焦，但是经过一段时间训练后就会慢慢习惯。您可以尝试用它观察一些肉眼不那么容易看清楚的东西，例如您皮肤上的毛孔、一根头发、一个针头，或者是自己的某件首饰。

---

① 1 英寸 =2.54 厘米。

检测钻石的各个方面，慢慢地转动钻石，一边转动一边来回倾斜钻石，从各个不同角度和方向观察。当您能随意地聚焦在任何想要看的位置的时候，观察就是一件很容易的事情。如果对自己的观察技术不放心的话，会有知识渊博的珠宝商告诉您如何正确使用宝石放大镜。

宝石放大镜能让您看到什么

通过实践与体验（以及可能的进一步培训），宝石放大镜能给业余爱好者很大的信息量，而对于宝石专家来说，它能辅助判断这颗钻石是天然的还是人工合成的，抑或是玻璃的，并揭示其特征缺陷、瑕疵或者内裂。换句话说，宝石放大镜能帮助您知道这颗钻石是否有如您所认为的那些必要信息。

对于初学者来说，宝石放大镜用于观察这些特征：

· **切工的工艺**。例如：对称性是否均衡？切面是否正确？比例是否合适？很少有切磨师傅会在切磨玻璃的时候花上与切磨钻石时相同的时间和心血。

· **钻石台面、亭面，以及小面边缘的缺口、裂隙和划痕等**。例如，无色锆石火彩和硬度与钻石接近，看起来很像钻石，但锆石很容易产生缺口，因此仔细观察锆石很容易发现缺口，尤其在顶部和腰棱边缘。而玻璃很软，则容易看到划痕，如果佩戴会弄出碎片或者被划伤。如果沿玻璃饰品的镶爪查看，仿钻玻璃的金属镶爪都可能在压下去固定的时候划伤玻璃。

· **钻石小面边缘的锐利度**。坚硬的宝石都有锐利的边缘，或者相邻的亭面或小面边界很锐利，然而许多仿品却比较软，所以在宝石放大镜下可以看到仿品小面之间的边缘不够锐利，甚至有接近滚圆的外观。

· **气泡、包裹体和裂隙**。许多裂隙和包裹体用肉眼无法看见，但用宝石放大镜可以发现，但是要记住，许多不是那么容易发现的，除非您很有经验。有了观察细小内含物的经验后，哪怕业余爱好者也能学会找出与玻璃相关的特征气泡和旋涡线。

当您使用宝石放大镜的时候，需要记住，您很难发现那些有经验的专业人士能发现的一些特征，比如某些能显示钻石真伪、品相和坚实度的线索，但是经过一些实践，宝石放大镜还是一个很有用的工具，有时能让您避免被坑。

第3章　寻找切工好的钻石

最重要的是学习如何查看钻石，即便您不打算学得像宝石专家那样专业。首先要确保能理解那些您经常听到和用以描述钻石的专业术语，尤其是那些描述钻石切工以及每一部分名称的术语。

熟悉一些与刻面宝石相关的常用术语是很必要的，刻面宝石切工比例的变化会影响其火彩、美观程度和吸引力。关于这些会在后面的部分详述。

·**腰棱**　腰棱是钻石形成圆周的边界，是钻石上面部分和下面部分的交界线。若从钻石的侧面观察，腰棱成一条闭合线，是环绕钻石最宽的部分。镶嵌钻石的首饰通常把镶爪置于这个部位。

·**冠部**　钻石的冠部也被称为顶部，指的是腰棱以上的部位，是钻石的上部。

·亭部　钻石的亭部指的是腰棱以下至底尖的部位，是钻石的下部。

·底尖　底尖是钻石最底部的点位，有些切工的钻石没有底面，这样容易造成破损。

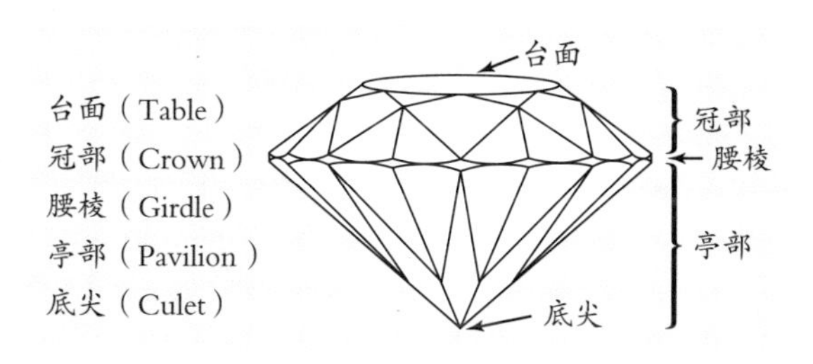

·台面　台面是钻石顶部平坦的位置，也是钻石最大的面。术语“台宽比例”被用于描述台面的宽度，通常是台面宽与整个钻石宽的一个比例。

钻石的切工

当一个人评估一颗钻石时，最重要同时也最容易被理解的考虑要素就是切工。当我们谈论切工时，关注的不是形状，而是从毛石到成品的过程中所做到的细心和精密度。钻石有许多种很时髦的琢形，每种琢形都决定了它的视觉效果，但是当一颗钻石的切工完美时，它的火彩和价值就会超越其外形，这时消费者对外形的偏好就取决于自己的品味了。我们后面展示了许多流行的琢形，第二部分第 5 章有关于新的琢形的探讨。

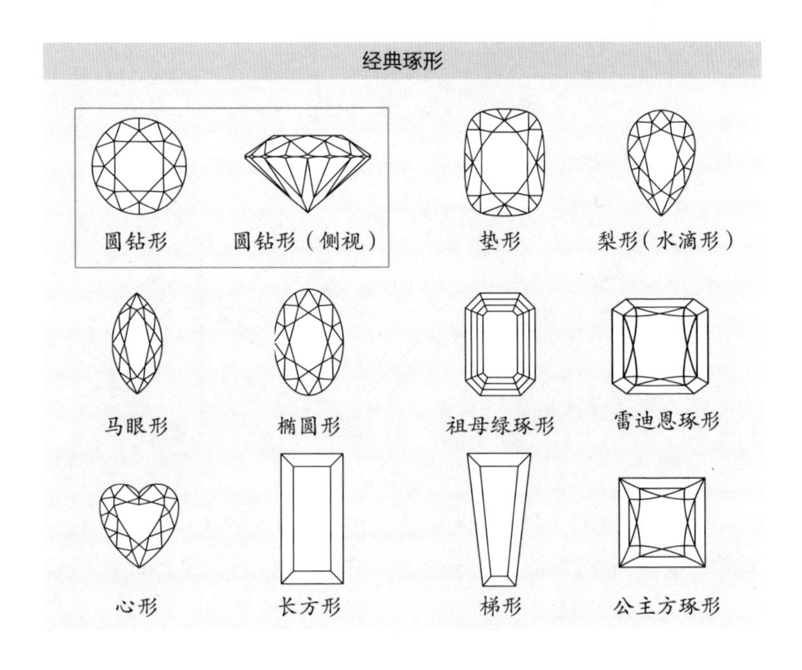

切工大有不同

钻石的琢形会影响其展示出来的效果，是释放出它最大价值和美的最佳选择。用于描述切磨抛光工艺总称的专业术语是“切工”，好的切工对于钻石来说尤其重要。同样大小品质的钻石原石，切工评价“完美”的比起切工评价“一般”的贵不少。一颗切工很好的钻石在价格上比起其他参数相似但是切工很差的钻石会贵上 50% 甚至更多。更重要的是，不细心的切工，或者为了保有最大重量的切工，有时会导致钻石更脆弱，容易破损，这样的钻石的售价会低很多，但这种缺陷如果不是经过专业人士仔细检查的话是看不出来的。接下来我们将探讨常见的切工。

如何判别钻石的切工优劣

切割的精准度会直接影响钻石的美观度和价值，这一点对于那些有一系列细小平面需要切磨抛光的刻面钻石（表面没有小面的宝石被称为弧面宝石）来说尤其明显。您需要记住刻面宝石有许多种琢形：明亮琢形，像之前看到的圆钻形（会使用许多三角面和风筝面组成）；阶梯琢形，像之前看到的祖母绿琢形（由许多矩形或者梯形小面组成）；还有一些混合琢形，融合以上两种切工琢形。

无论哪种切工琢形，评判这些刻面宝石都有一些通用的准则，以便您判断切工的优劣以及整个宝石的品质。首先需要牢记的是如果宝石原石的材质是优异的，那么切工能决定最后做出来的成品是呆板暗淡的还是闪耀美观的。对于钻石来说，切工以及各个部位及面角之间的比例对它的火彩和闪耀度有着极大的影响。

像您查看其他镶嵌在首饰上的宝石一样，从钻石的顶面看下去，这是钻石最关键的观察区域，也是最常被关注的区域。当您观看一颗钻石的时候，您是看到光在钻石的各个刻面上闪耀和舞动，还是死气沉沉的？

看一颗圆钻的对称性最快的办法是看它的台面边缘，线条必须平直整齐，并且相互平行。台面边缘应该形成一个规则的八边形，各个边结合处形成尖点。如果台面边缘线条是歪歪扭扭、不平整的，那整颗钻石的对称性肯定不好，因为其他与台面相邻的小面的对称性也会受影响。

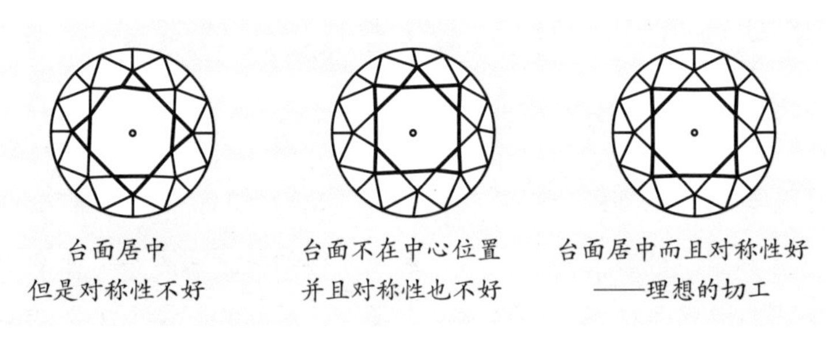

然后，从钻石的侧面看过去，看钻石腰棱上下两部分的比例。

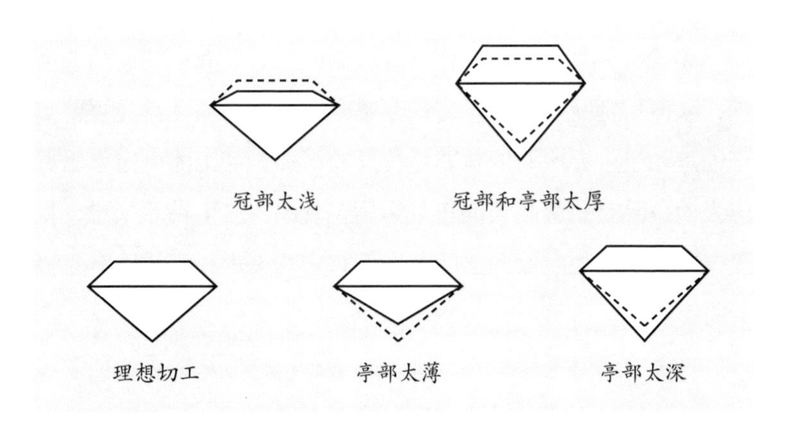

钻石的整体切工比例，无论是太薄还是太厚，都会对它的整体美观度有巨大的影响。切工和比例的影响我们将会在第二

部分第5章详细探讨，但切工是我们对钻石整体了解和知道什么是“好”的至关重要的第一步。

开始之前

当您去购买任何漂亮宝石或者首饰时，记住多逛一些好的珠宝店，多比较各种不同的宝石，这一点很重要。我们在后续章节中会讨论到许多要素，会使您对看到的宝石有着更清醒的认识和鉴赏力。有见识的珠宝商也会很乐意帮助您了解不同宝石之间品质和价值方面的差异。

同样需要记住的是，只从经过良好专业培训并且信誉好的珠宝商那里购买钻石，因为您不是行家。我在这里给您提供的信息能让您更有信心地寻找自己喜欢的东西，而且您获得的知识将使这种购买体验变得更有乐趣，更富有挑战并更令人满意。但是同样重要的是，我希望它会帮助您在选择进行生意往来的珠宝商，以及判断关于他或者她的学识、专业性、诚信度的时候能做出明智的决定。如果您做到了，本书就有它的价值。

PART 2
第二部分
钻石

第4章　什么是钻石

从化学成分上来说，钻石是所有宝石中最简单的，它就是简单的结晶质的碳元素，和燃烧蜡烛在玻璃罩上遗留下来的黑灰是一回事，铅笔里的笔芯所用的石墨的成分也是碳。

虽然钻石和黑灰以及铅笔芯石墨的化学成分一样，但它们的晶体结构不一样，钻石的晶体结构赋予了它被令人羡慕的特质——自然界无与伦比的硬度、抵御热和压力的能力、闪耀度以及火彩（需要说明的是，尽管钻石非常硬，但它若受到沿一定角度力量的撞击会裂开，这在矿物学中称为“解理”，同时钻石还比较脆，如果钻石的腰棱太薄的话，其边缘有时即便受到的压力不是很大，也可能出现缺口）。

白色透亮的，或者更准确的表达——无色的钻石是最受欢迎的，但是钻石也有天然有颜色的。当钻石的颜色很受欢迎时，就被称为彩钻（fancy-color diamond）。钻石常见的很漂亮的颜色有黄色或者棕色，类似于粉色、淡蓝色、淡绿色和淡紫色的则很少出现。钻石的颜色通常比较柔和淡雅，深色调的红色、绿色和淡紫色非常稀有。历史上，除了淡黄色或者棕色的亚种外，大部分彩色钻石卖的价格要比同等的无色钻石要贵。浅色调的黄色或者棕色不能算作彩钻，只能算作颜色不佳的钻石，很常见并且价值比同等的无色钻石或者彩钻低很多。因为彩钻的分级与评价和无色钻石不一样，我们将在第二部分第 12 章中进行单独讲述。

在 18 世纪巴西发现钻石前，印度是最早发现使用钻石的国家，也是最重要的钻石来源地。随着 19 世纪在南非的突破性大发现，20 世纪在其他非洲国家，如博茨瓦纳、安哥拉等，以及俄罗斯、澳大利亚都发现了大量的钻石矿藏。近些年，加拿大也发现了钻石矿床，美国也有商业开发的钻石矿床。大部分钻石矿床产出的钻石由于颜色太黄以及裂隙多等问题达不到首饰级，只能用于其他工业用途。无色和彩色的钻石依然是那么稀有，红色钻石是所有宝石中价值最高的。

决定钻石价值的 4 个要素

钻石的品质和价值通常由 4 个要素决定，被称为“4C 标准”，通常如下：

1. 颜色（color），代表钻石的自身颜色或者无色。

2. 净度（clarity），代表钻石的瑕疵程度。

3. 切工和比例（cutting and proportioning），代表做工好坏。

4. 克拉重量（carat weight），代表对钻石大小尺寸有影响。

如果单纯从美观的角度，这几个要素之间的排列顺序应该是：

1. 切工和比例。
2. 颜色。
3. 净度。
4. 克拉重量。

寻找合适的4C组合

记住，让您购买钻石的过程变得快乐的秘诀是理解钻石的4C标准里的每个要素对它的美观、耐用度和价值乃至整个钻石的影响。乍一听起来好像很复杂，但是当您开始审视钻石的时候您会发现不是这么回事。当有一定的经验了，您就会判断到底哪一个C（要素）对您来说是最重要的，并且您会知道如何去寻找对您来说最合适的4C要素组合，既满足您的情感需求又适合您的财力。

因为4C里的每个要素自身都内容丰富，所以我对每个要素都专设一章来探讨。我首先讲述钻石的切工和比例，因为这是对钻石最基本的认识，也是关乎钻石最重要的要素。

第5章　切工和比例的重要性

钻石的切工是理解钻石4C标准的基础，对于钻石的价值有极其重要的影响。一颗切工好的钻石能轻松地比其他要素相同但切工差的钻石贵40%~50%，所以您知道我们在讨论什么了吧。

切工对于钻石的意义和对于其他宝石来说是有差别的。切工不是琢形，琢形属于钻石的外观轮廓领域，琢形的选择看个人的偏好，无论选择切磨成哪种琢形，它的切工都是需要被评价的。

琢形分好几类：明亮琢形、阶梯琢形以及混合琢形。明亮琢形有许多个小面，通常是三角面和风筝面以特殊的方式组合，达到最闪耀的效果。阶梯琢形的小面比较少，通常是梯形的和矩形的小面，多以直线方式排列，类似于您所看到的祖母绿琢形就是如此。尽管阶梯琢形的亮度不如明亮琢形，但能营造一种低调素雅的感觉。您常常能在装饰艺术风格的首饰上见到镶嵌的阶梯琢形的三角、方形和梯形等琢形宝石。混合琢形混合了明亮琢形和阶梯琢形的特点。

切工对于钻石来说是非常重要的，因为它直接影响钻石的格调和美。当我们评价切工的时候，我们需要评判许多要素，包括钻石的各部位的比例和面角接线，以及它们对于火彩（钻石内部的彩虹色闪耀）和亮度（钻石的活力和光亮）的影响，因为正是火彩和亮度让钻石超越了其他宝石。不管钻石的琢形是什么样的，只要它的切工优异，都会令人激动；相反，切工差的钻石看起来了无生机，缺少我们认为美钻所特有的活力和特性。此外，许多钻石会被切磨成看起来显得更大点，但是如果一颗钻石看起来比同等重量的要大很多，那么它的切工一定会有问题，仔细地看会发现它不像看起来更小点的完美切工的钻石那么美。

切工的不同还会影响钻石是否结实，有些切工缺陷会使得钻石变得脆弱和易破损。

好的切工需要技巧和经验，花费时间更多，切磨过程中的损耗也更大，最后完工保存下来的重量更少。由于以上的缘故，切工好的钻石会比起切工不好的钻石成本高很多，相应售价也会高很多。

钻石有许多流行的琢形，每种琢形的选择都会影响这颗钻石的整体效果，但只要这颗钻石的切工好，那么无论选择什么琢形，钻石的美和价值都会得到保留。由于圆明亮琢形（圆钻形）是最流行的琢形，我就从标准圆明亮琢形开始探讨钻石琢形。

传统的标准圆明亮琢形钻石有 58 个面，冠部有 33 个面，亭部有 24 个面，有时还会把底尖磨成平面（现在许多钻石不磨底面了）。小颗粒的圆明亮琢形被称为“全反火琢形”，只有 17 个面的琢形被称为“单反火琢形”，有 33 个面的琢形被称为“瑞士琢形”。年代比较久远的传家首饰和不太贵的镶嵌了好多钻石的首饰上，镶的大多是单反火琢形或者瑞士琢形的钻石，很少会用上全反火琢形的钻石。相比较全反火琢形的钻石，这些钻石的亮度和火彩要差一点。现在越来越多的特殊琢形钻石面市，这些琢形上的小刻面超过 58 个。

当一颗圆明亮琢形的钻石的切工很好的时候，这种琢形能展现最热烈的美，因为这种琢形能让最大量的光反射回顶部，这意味着标准圆明亮琢形的钻石比其他琢形切工的钻石有更好的亮度，虽然其他琢形也很耀眼璀璨。现在新的琢形不断涌现，其中有些由于其出众的亮度和活力使它们也像圆钻那样受人欢迎。

一般来说，如果冠部高度（从腰棱到台面的高度）所占的比例大概是亭部高度（从腰棱到底尖或底面的高度）的 $^1/_3$，这个比例就是比较合适的。

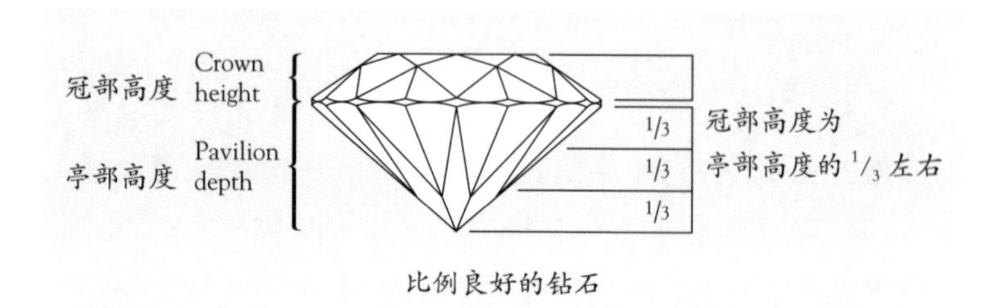

比例良好的钻石

钻石切工比例类型

切工比例——尤其是冠部高度与亭部高度的比例，以及台面宽度与钻石直径宽度的比例关系——直接影响到钻石的火彩和亮度。多年以来，关于圆钻最恰当的切工比例已经有了公认的参数范围，直到现在，人们仍然认为按照这些参数范围指导下进行切割的钻石是“理想切工”的，比其他参数范围的切工要更好。同时，“理想切工”的钻石相比其他切工需要花费更多的时间和技巧，并且对钻石重量的损耗也会更多。当然，通过应用现代加工技术，即便切工的比例在一个更宽泛的范围中，结合一些其他方面的要素，也能加工出光彩品质接近的美钻。尽管如今“理想切工”这个词看似有点过时了，但任何人都无法否认对于圆钻来说，精准的切工比例是展现钻石最大光彩美学效果的关键。

切工如何影响亮度

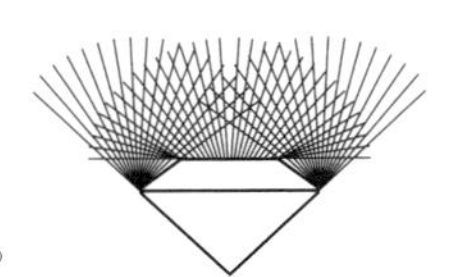

光线在切工比例良好的钻石内部的全反射

钻石正确的切工比例能确保最好的亮度。光线进入切工合理的钻石，会从一个底面反射到另一个底面，最后从顶部某个面射出，从而展现最耀眼的火彩与闪烁度。

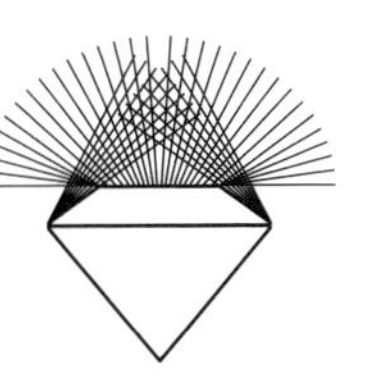

光线在切得太深的钻石里的反射

如果钻石切得太深，进入钻石内部的许多

光线就会经过反射后从某个侧面漏出，无法从台面反射出来，从而使得钻石从顶部看起来很暗淡。

光线在切得太浅的钻石里的反射

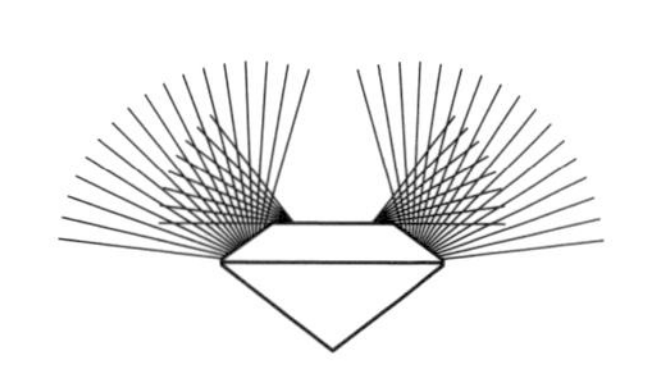

如果钻石被切得太浅了（这样能让钻石显得更大一点），就会损失亮度，钻石从顶部看过去会看到一个环状的暗圈，这种也被称为“鱼眼效应”。

什么是理想切工

钻石切磨是一门持续在发展变化的艺术，不断进步的技术诠释了如何切磨能让光在钻石不同的面角间反射穿行，从而营造出恰当的效果。如今对于“理想切工”的钻石参数有几种稍有差别的意见，对于哪种才是“最好的”还没得出统一意见，但每种都有别具一格的美。

通常说来，钻石的台面越小，火彩会越强，台面越大，

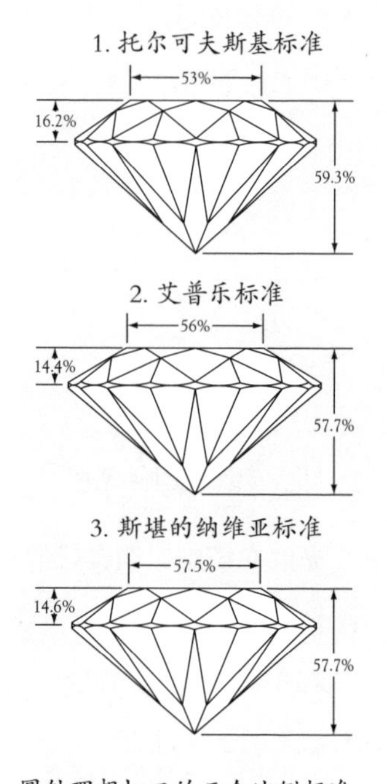

圆钻理想切工的三个比例标准
1. 托尔可夫斯基标准（TOLKOWSKY）
2. 艾普乐标准（EPPLER）
3. 斯堪的纳维亚标准（SCAN D.N.）

亮度会越强。现在比较流行大台面，但是普通常识会告诉您，火彩和亮度不能兼顾。台面越大，亮度越强，但同时火彩会减弱；台面越小，火彩会随之增强，但亮度相应减弱。所谓的理想化其实不过是一个兼顾火彩和亮度的折中方案，从来没有一个大家都真正认同的完美参数比例。有人对火彩的追求超过闪烁度，也有人刚好相反。这也就是为什么关于圆钻的切工比例有好几种不同标准，所谓的“最佳比例”只是一种个人喜好。

1919 年，马歇尔·托尔可夫斯基推出了他认为最佳的圆钻切磨面角组合，这种面角组合能使得光线从冠部进入钻石后在不同面角之间反射后再从冠部射出，在拥有最佳火彩效果的同时拥有强烈的闪耀度。托尔可夫斯基切工奠定了现代美国理想切工的基础，但是时至今日，对于托尔可夫斯基切工的标准有了几种有差异的诠释，有些切工琢形甚至有了品牌名称，例如，拉扎尔·卡普兰理想琢形（Lazare Kaplan Ideal®），八星琢形（EightStar®，该切工琢形用一种特殊的切工镜能看出有八个均衡对齐的箭头）， 以及燃烧的心琢形（Hearts on Fire®，该琢形通过特殊切工镜能看出心形和箭形图案）。无论您选择的是哪种“理想切工”，都会是一种极其漂亮的切工琢形，当然您最好能区分它们之间的差异并从中选择您最喜欢的。

所谓的“理想切工”也许并非总是理想的

我们需要提醒您的是，有些钻石被描述为“理想切工”，但实际上并非如此。这样的钻石被评级为“理想切工”，实际上是钻深百分比和钻面百分比符合“理想切工”的范围，但是这些钻石的特殊钻深百分比与其特殊钻面百分比并不匹配。这些钻石虽然也像其他那些分级为“理想切工”的钻石一样溢价出售，但实际上它们缺乏其他“理想切工”那样的美，甚至还常常不如许多切工宽高比例目前不会被分级为“理想切工”的钻石。我们就看过按照“理想切工”的比例参数切出来的钻石，其火彩和亮度还不如不是按理想切工比例参数切出来的钻石。让这个问题更复杂的是，有些人单纯地喜欢比目前认定的“理想切工”的钻石台面更宽的钻石的外观，我们也看过钻石台宽比超过 64% 的钻石，其展现出的美令人惊讶。

八星琢形钻石

今天认为是“理想切工”将来未必依然如此

没有人会质疑切工对于钻石的美的重要性，相应地，“理想切工”这个术语变得过时了。在先进探测技术不断取得进步的辅助下，一些专业实验室通过多年的研究，发现的结果改变了我们从前对影响钻石亮度、闪耀度和火彩的几个要素的理解。使用新的设备能捕捉光在钻石内部运动的轨迹，测量出能产生多少闪耀度和火彩。研究人员发现，切工比例只是影响钻石的美和活力的众多要素之一。比如说，改变钻石上某些冠部和底部小面的长度，这样的台宽比和亭深比等比例就不再符合现在认为的“理想切工”的比例参数，但是这种改变却能带来比传统“理想切工”更好的闪耀度和火彩。

这项研究最重要的成果是，我们看到了顶级切工级别的比例参数范围变化更大。业界享有盛誉的实验室如今更倾向于用“基于表现”而不是“基于比例”的参数来评价切工级别。除了传统的观察切工比例、对称性、抛光效果以及其他要素外，他们还使用艺术级的光线追踪软件来测量能返回到观察者视线的光线的数量和质量。美国宝石学院（GIA）经过多年的研究，开发了一套新软件用于把光线表现的参数并入其他传统评估参数，在评估报告中对切工进行评估定级。

由于以上的这些变化，现在“理想切工”这个术语已经变得不那么严谨了。大部分美国的实验室已经不再使用这个术语，其中包括美国宝石学院使用“优秀”“非常好”“好”、“一般”，以及“差”来标示切工的质量。

新技术提供理想的解决方案

不同于死板地依赖比例参数抑或个人主观认识，新技术提供了对于切工整体评价一个比较“理想”的解决方案。慢慢地，我们发现珠宝店的柜台里开始有了一些用来观察切工的新工具，包括八星钻石公司（EightStar Diamond Compand）的切工观察镜（FireScope®），由 GemEx 公司开发的亮度观察器（BrillianceScope™viewe）和亮度分析器（BrillianceScope™analyzer），以及吉尔伯森观察镜（Gilbertson scope），这些工具提供了光线在钻石内运动的信息，能让您观察判断一颗钻石的切工是否符合优质的标准变得更容易。

最早开发出来的是切工观察镜，使用它您可以很快地把几颗钻石放在一起比较切工。当一颗被精确切磨的钻石（58个面形状合适、角度准确、连线清晰）通过观察镜进行观察时，这颗钻石能在一个红色的背景上显示出8个黑色箭头的图案。当看到这个图案时，您就能知道这颗钻石展示出了很强的闪耀度、火彩和亮度。

亮度观察器和亮度分析器不是通过某种图案来衡量，而是实际测量钻石的亮度、火彩和闪耀度的强弱。最新的观察工具吉尔伯森观察镜则是和切工观察镜比较类似，但它能提供三种颜色的图案，以便对火彩和闪耀度有更准确的把握。

关于这些新技术最令人激动的东西是它们提供了关于光线进入钻石后的信息，通过以上所提及的这些工具，即便是对钻石一无所知的消费者也会知道光在钻石里的表现，从而比较不同钻石的亮度和火彩（这两项是钻石最重要的品质），进而挑选出他所喜欢的钻石。当越来越多的珠宝商拥有了这些钻石观察工具后，对于普通消费者去判断一颗钻石的切工，乃至这颗钻石的美，都会变得越来越容易。

切工观察镜下看到的6颗钻石，展现出切工从不完美到完美的渐变过程。最右边的钻石的切工不够好，而最左边的钻石是颗著名的八星钻石公司的钻石，它的切工是非常理想的，展现了8个完美的箭头形状，明白地告诉您钻石的精准切工，也就是说它的所有58个小面的形态、角度和对称度都是完美的。

钻石的美

尽管关于什么样的切工才是真正的“理想切工”还存在争议，也不知道将来哪些术语会被用于描述对应切工的质量，但是没有谁会对一颗真正精美的、展现出闪亮和炽热火彩的钻石切工有争议，不管是用什么术语来描述它。

但是每个人的审美观不太一样，这个人认为最漂亮的钻石，另一个人不一定认同。钻石基于不同的切工会产生不同的光学效果，过去认为是符合“理想切工”的钻石会展现一种美，然而按照其他比例关系切磨出的钻石又会展现出另一种美。有些钻石能比其他钻石反射出更多的白色光，同样有些钻石的火彩会比其他钻石更强。火彩的产生是因为光线进入钻石后产生折射，不同颜色的光波的折射率不同，从而分裂成彩虹色，彩虹色光比起白光与钻石有着更强的对比，在钻石内部形成极漂亮的光彩效应。现在，切割成传统“理想切工”的钻石可能价值更高，但不代表每个人都更喜欢这种切工而不喜欢其他面角比例的切工。您必须知道自己内心最喜欢什么，而不是销售人员认为是最好的。更重要的是，现在一些不符合传统“理想切工”比例的钻石能获得 GIA 的最高切工评价等级，而一些符合传统“理想切工”比例的钻石反而得不到。

有经验的专业人士都知道，当他们观看一颗钻石时，无论其切工好坏，都不会刻意地关注它的切工比例。如果您花时间去关注钻石的整体特性、对肉眼的视觉感觉效果，您就会学会看出它们之间的不同从而辨别切工的优劣，让眼睛为您的选择做决定。通常，当您看到一颗钻石的亮度和火彩都很好时，切工和比例通常都差不了。如果一颗钻石显得死气沉沉，没有活力，或者台面中心看过去很暗淡，那通常都是切工和比例不好的结果。您在查看和比较不同品质和价位的钻石上花的时间越多，您的眼睛对于察觉亮度和火彩强弱的辨识能力的训练效果就会越好。

既然切工好的钻石价值更高，当购买钻石的时候，永远记住要问清楚它的切工，询问销售人员如何描述这颗钻石的切工：是优秀或者杰出（理想切工），还是非常好，好，一般，抑或不好。

提供钻石切工分级评价
或切工相关信息报告的宝石鉴定评估机构

由于切工对于钻石的美观性、耐久性以及价值等都有巨大的影响，越来越多的美国实验室如今提供关于切工的评价定级报告或者相关切工优劣的信息。然而，欧洲的实验室却不愿意对切工进行定级，因为他们认为目前对于切工的研究成果还不够完整全面，不能反映切工的详细具体情况。同样，在世界其他地方比如南美、亚洲、中东和非洲等，许多宝石实验室也不愿意出具切工评级报告。

对于需要得到某颗钻石的切工信息或者切工定级报告的人来说，目前能提供相关信息的美国实验室包括拉斯维加斯的美国宝石协会实验室（AGSL）、纽约的宝石鉴定与保障实验室（GCAL）、芝加哥的专业宝石科技实验室（PGS）等。除此以外，2006 年 1 月开始，美国宝石学院也开始在钻石鉴定报告上标注切工定级，当然现在还仅限于圆钻。

由于 GIA 的钻石分级报告是如此受欢迎，许多买家很依赖他们提供的信息，我们必须花点时间来解释一下关于 GIA 的钻石定级。GIA 报告上的钻石定级由分级人员向计算机相关程序中输入有关数据生成，计算机程序软件基于数年以来对上千颗钻石的研究数据开发而成，使用精密的光线轨迹追踪技术估算光线在钻石内部的运动状况，同时还包括其他影响钻石重量和耐久性因素的数据。GIA 报告上的钻石切工分级数据事实上不是基于光线的实际表现，因此，当报告上的定级是好（good），非常好（very good）或者优秀（excellent）时，这颗钻石应该是一颗很漂亮的钻石，但计算机程序无法重现光线在这颗钻石内部的表现状况。当我们看到 GIA 报告上的切工定级时，有些钻石事实上比报告上的切工定级更漂亮，而有些却达不到那种漂亮程度。

这对于所有钻石买家来说都是需要理解的很重要的一点，既然您为一颗切工定级很高的钻石付出了更高的价钱，您最好能仔细查看，以确保您所考虑的钻石的美能匹配它的价钱。在某些情况下，把这颗钻石送去另一家能使用光线追踪技术来评定切工级别的鉴定实验室是比较明智的做法，这样能确认之前的切工定级反映了光线在钻石内部的最优表现。

不要完全地把宝石实验室出具的鉴定报告上的切工定级当作钻石的美和价值的指示器。如果您的目标是获得一颗切工优良的美钻的话，您必须仔细地、逐个面地去比较有着不同切工的钻石，尤其关注它们的火彩和亮度。当您仔细关注每颗钻石的“特点”时，您会发觉它们其实有很多细微的差别。我常常和我的客户们一起看钻，通常许多客户会告诉我，他们只对鉴定报告上切工定级为“优秀”的钻石有兴趣，但有时我能从一些被切工定级为“非常好”的钻石里偶然挑出一颗非常漂亮的钻石出来，也不知怎么回事这颗钻会被定级为“非常好”，我把它摆在一堆切工定级为“优秀”的钻石中并展示给客户看，客户比较完后觉得这颗是里面最漂亮的，当我告诉她这颗钻石的鉴定报告上定级只是“非常好”的时候，客户惊讶得合不拢嘴……为自己能花费更少的钱得到这颗更好的钻石感到高兴。

无论您的钻石有分级报告或者切工定级与否，也不管它的切工比例如何，用您的眼睛去判断。在做出最终决定之前，问问自己是否认为这颗钻石是漂亮的。如果喜欢它，不要让自己完全地被鉴定报告上的准则、术语和参数所左右。

切工缺陷

切磨时很容易出现许多会影响钻石外观和价值的缺陷。谨记有些缺陷会让钻石变得更容易开裂甚至破损。我建议尽量不要购买这类钻石，除非在镶嵌的时候能得到有效的保护。

圆钻上有时能找到几类切工缺陷。

第一种，看看台面会不会有倾斜或者台面和台面中心与底尖连线之间是否垂直。

第二种，钻石底面常常是问题多发地。底面可能会有破损或者开裂，或者底面太大（现代切工中底面很小，接近于一个小点），偏离中心位置，甚至看不到底面。

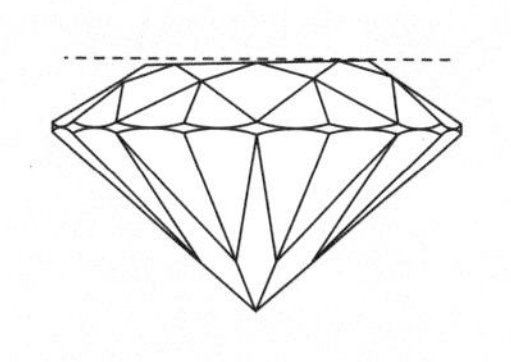

圆钻的台面倾斜

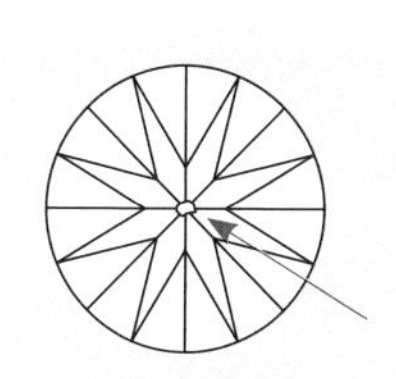

从底面看过去
底尖破损或缺口

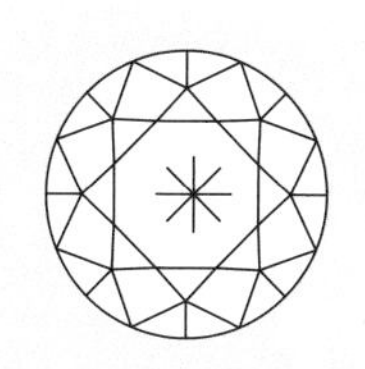

底尖偏离台面中心

第三种，如果钻石表面出现破损或者缺口，会对它进行重新抛磨，这样会产生一个与初始面不重合的面，这会影响钻石的对称性。

有时候，重新抛磨还可能会产生一个新的小面，这个小面有可能出现在冠部，也可能出现在亭部，它的出现还可能会影响钻石的亮度。

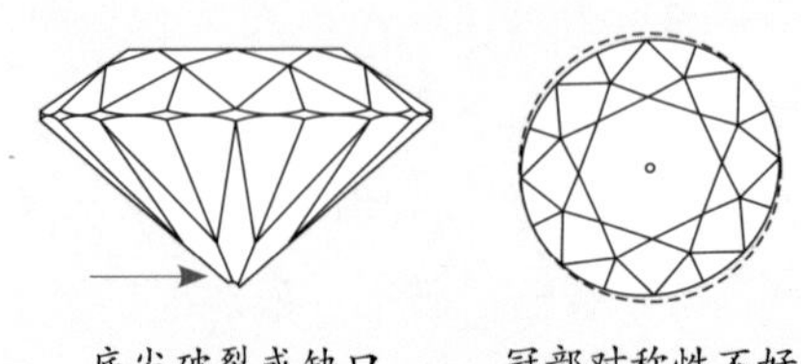

底尖破裂或缺口　冠部对称性不好

有多余小面

腰棱缺陷

腰棱上的缺陷也是很常见的。表面刮痕或者须状腰是最常见的，须状腰是很小的深入钻石的径向裂纹，这通常由于抛磨腰棱时不小心或者缺乏经验导致。表面刮痕看起来和须状腰有点像，但实际上它没有进入钻石内部，只需要简单的抛光就很容易消除，对钻石重量的损耗也很轻微。

腰棱的相对厚度对钻石的美观性和牢固性来说都非常重要。任何腰棱都可能在佩戴和加工处理的过程中产生缺口或者裂痕，但如果腰棱太薄的话，缺口就更容易产生，有些小缺口简单抛光就能处理掉，并且不损失多少重量。如果有好多小缺口，整个腰棱都需要重新抛光。小缺口或者裂痕很多时候在镶嵌过程中通过用镶爪或者包边遮盖。

如果腰棱太厚，钻石整体就会看起来偏小，因为腰棱比例不合适，会导致它占的体积和重量偏大，从而比相似重量的钻石的直径偏小。此外，腰棱的缺陷还表现为呈现出波状腰、太粗糙或者根本就不圆的现象。

腰棱厚度的级别

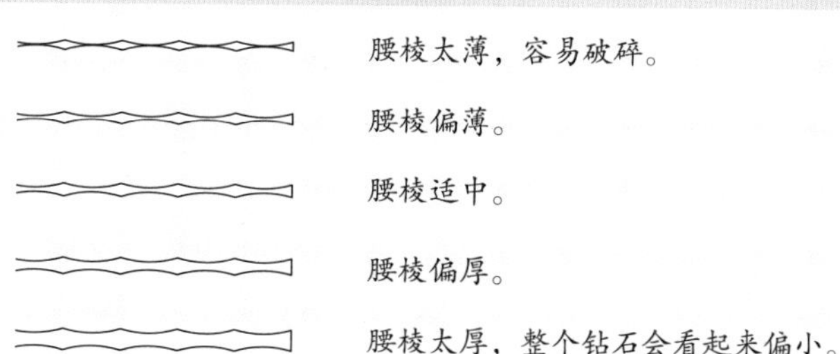

原始晶面是钻石天然晶体的某个晶面，有时未必算缺陷。切磨时，切磨工人有时会根据琢形有意识地在腰棱位置留下一部分原始晶面，以保留最大重量。如果原始晶面比腰棱薄，并且不会影响钻石的圆度，大多数钻石商最多只会把这当作一个无关紧要的小缺陷。如果这个原始晶面延伸到冠部或者亭部去了，这就是个比较显眼的缺陷了。

波状腰　　腰棱不圆　　腰棱有原始晶面

有时候这个原始晶面稍大，但是轻微地在腰棱之下，就需要抛光掉，这样就会产生一个多余面出来。

其他常见的琢形

不像圆钻，其他琢形没有固定的比例参数范围，所以对其他琢形切工的评价主观成分更多一点。台宽比和亭深比等参数即便同一种琢形也会随不同钻石的形状而变化，而每颗都能切磨出漂亮的光学效果。比起圆钻，关于每种琢形的所谓“理想切工”的认定也更受个人喜好的影响。当然，具体的切工比例好坏还是有一些清晰可见的指示，比如“蝴蝶结效应”，即便是新手简单学习也能派上用场。对所有的琢形，都有推荐使用的比例或者对称性参数，但是更喜欢哪种琢形取决于个人。可接受和不可接受的切工比例参数范围已经大体确定。如果您在看特殊琢形方面有着丰富的经验，您将能决定什么样的切工比例是在合理范围内的。切工参数稍微偏差不会明显影响钻石的美和价值，但是偏差较大则会有严重影响。

其他花式琢形常见的缺陷

对于花式琢形切工比例不佳，一个最明显的指示就是蝴蝶结效应或者蝴蝶效应：切工不好的钻石的中心或者最宽部位形成一个暗区。蝴蝶结最常见的花式琢形是梨形或者橄榄形切工，同时也可见于其他花式琢形。事实上，基本所有花式切工都或多或少能看到一些蝴蝶结效应。然而蝴蝶结效应的强或弱是切工比例优劣的一个指标。在切工差的钻石上，能看到很明显的蝴蝶结效应，

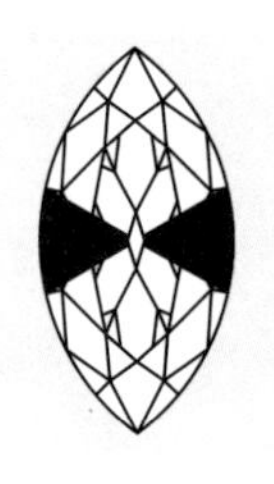

有明显蝴蝶结效应的马眼形钻石。

越明显则切工比例越差；蝴蝶结效应越弱，切工比例越正常。有明显蝴蝶结效应的钻石价格比没有蝴蝶结效应的钻石价格要低很多。

和明亮琢形的钻石一样，有的花式琢形的钻石切得太宽，有的切得太窄；有的亭部太深，有的太浅。

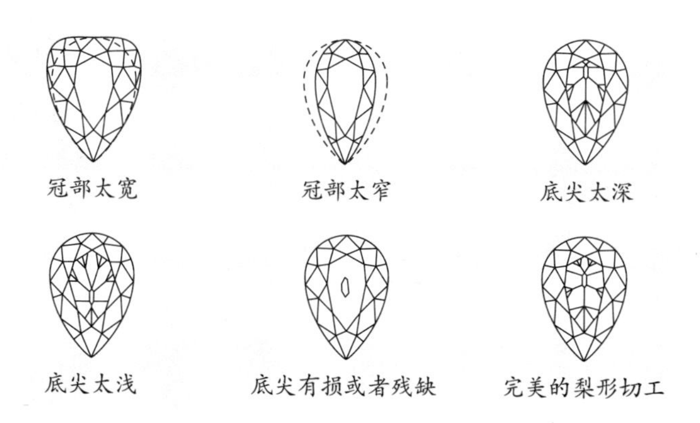

个人喜好在花式琢形的选择上一直是个重要因素，例如，有的人喜欢很扁的梨形，有的人则喜欢很宽的梨形。无论您选择哪种琢形，都必须问问自己内心是否觉得这颗钻石让您心动。它有让您喜欢的特质吗？它有很强的亮度和火彩吗？整个石头都很亮还是有的地方有“鱼眼”现象？是否有某些切工缺陷使它变得易裂……您必须做出选择。

令人激动的新颖琢形

如今我们可以从许多琢形和切工中进行选择，从经典的圆钻形、椭圆形、梨形、橄榄形、祖母绿形和心形切工到现在切磨技师一直在实验创新的各种新颖琢形。以下一些琢形是目前最流行的：

雷迪恩琢形（radiant cut）呈正方形或者长方形，但是比起祖母绿形有着更强的亮度和闪烁度，这点和圆钻形更接近，很适合那些喜欢传统的祖母绿形切工的人群。

克里斯琢形（Crisscut®）是一种融合雷迪恩形和传统祖母绿形的琢形，比雷迪恩形更简洁，却比祖母绿形更有活力。

公主方琢形（princess cut）是一种立方体明亮切工，对于包镶和轨道镶（详见第三部分第16章）等镶嵌法很适合。

亿万方琢形（Quadrillion™）是第一个公主方钻的注册商标，独到的切工能展示最大的火彩和亮度。

比罗88琢形（Biro 88™）有88个面。

加布里埃尔琢形（Gabrielle®）切法有105个面，比起传统切工有

雷迪恩琢形

克里斯琢形

公主方琢形

亿万方琢形

比罗88琢形

太阳之魂琢形

闪亮星琢形

蒂安娜琢形

康泰克斯琢形

更强的表面闪烁度和活力。加布里埃尔琢形融合了多种经典琢形的特色。

太阳之魂琢形（Spirit Sun®）是一种革命性的新琢形，只有16个面，冠部是尖的，代表一种全新的切磨方式，它的亮度和反光性也是优秀的。

蒂芙尼公司有一种获得专利的琢形——**闪亮星琢形**（Lucida™）融合了现代方形明亮切工和一种古代老矿琢形的高冠部和小台面。这种琢形目前只有蒂芙尼公司出品，但是类似的琢形，像**蒂安娜琢形**（Tiana™）就比较多见。另一种新的方形切工——**康泰克斯琢形**（Context®）则创造了一种全新的外观，并拥有令人惊讶的发光度。这种朴素风格的典型，其受追捧只是因为稀有、完美地保持着天然固有晶形的钻胚，而每十万颗才会有一颗达到这个标准。

三角琢形（trilliant cut）对于钻胚中间夹缝或者边缘位置的钻石比较适合，这种明亮琢形是一种薄切法，看起来很大气，实际上重量比较轻。多个小面和精准的切磨产生很高的亮度。

百合琢形（Lily Cut®）是一种新的像四叶苜蓿般的明亮琢形，很适合做吊坠和耳钉。**贵族琢形**（Noble Cut™）是一种注册了商标的像拉长的风筝一样的琢形，有29个面，比较适合经典的长条形首饰。

随着我们对钻石的切磨以及面角的组织变化对光线在钻石中运动表现的影响越来越了解，越来越多的新琢形不断产生。其中包括申请了专利的**新世纪琢形**（New Century®），有102个面，圆形，亮度非常高；有100个面，闪烁度很强的**摇滚乐**

琢形（Zoë）；有 82 个面，火彩非常强的皇家 82 琢形（Royal 82）；有 80 个面的弗兰德斯之魂琢形（Spirit of Flanders™）；有 66 个面的狮子座钻石琢形（Leo Diamond™）；以及有 97 个小面，12 个侧面的艾斯卡达琢形（Escada®），它是专门为大时装商店而开发的。

除了上面提到的新琢形外，长阶梯形在切工上也有许多创新。新的明亮长阶梯形在切工上，有像普林赛特琢形（Princette™）和巴格利昂琢形（Bagillion™），它们的外形是直线渐缩的；除此以外，还有克里斯琢形和渐缩长阶梯形切工。这些琢形得以流行是因为它们比起传统的长阶梯形切工有着很好的亮度，可以被用作传统镶嵌的配石，或者用于现代的简约直线形首饰。

早期的切工再度受欢迎

如今，对古董首饰有兴趣的人越来越多，在这种背景下，这些古董首饰上镶嵌的钻石也备受重视。古董首饰上钻石的切工琢形样式是其产出年代的一种印记。古董首饰上旧的钻石可以被替换或者取下来重新切磨成新的琢形，但是被替换或者被重新切磨的钻石镶在古董首饰上会使得古董首饰失去它原有的韵味，并影响其价值。古董首饰鉴赏家需要原汁原味的老琢形钻石，哪怕非得要替换，也得用符合那个时代感的老切工琢形样式钻石来替换。由此，早期切工钻石的需求变得越来越大，

桌式琢形

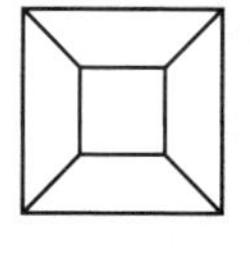

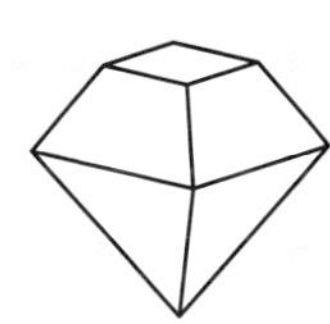

桌式琢形的钻石，注意其顶部桌形的平面。

而且价格坚挺。

早期切工琢形的钻石越来越受关注，越来越多的消费者欣赏其独特的美以及与之而来的浪漫气质。这种比新切工琢形更有吸引力的浪漫元素使得它成为订婚戒指上越来越受欢迎的选择。

代表性的早期琢形有桌式琢形（the table cut）、玫瑰琢形（the rose cut）、老矿琢形（the old-mine cut）和老欧洲琢形（the old-European cut）。在 1919 年美国成为一个重要的钻石切割中心前，绝大部分钻石在欧洲切割，由此绝大部分“老欧洲切工”钻石是在 1925 年前切磨的。

桌式切工代表了早期钻石切磨的工艺。把一颗钻石晶体的尖端放在对着金刚砂转轮的位置，钻石晶体的尖会被磨掉，慢慢磨出一个像桌面形状的方形平面。如今我们依然把钻石最顶部的那个大面称为台面。

玫瑰琢形

双玫瑰形琢形　　全玫瑰形琢形

玫瑰形切工是一种 16 世纪就开始有的切工，通常有一个平坦的底面和一个拱形的冠部，冠部从中心呈六边形辐射状向外扩散，形成玫瑰花蕾状的效果。

老矿琢形是现代圆钻形的一种雏形，这种琢形呈方形或者垫形，其切工比例和钻石的天然晶体接近，所以比起现代琢形，冠部会更高而亭部则会更深，台面非常小，而底面比较大，从顶部很容易看到（看起来像个“洞”）。这种琢形缺乏现代琢形的亮度，但火彩非常强。如今，老矿琢形又受到一定程度的追捧。

老欧洲琢形产生于19世纪中叶，和老矿琢形有点相似，但比老矿琢形的近似方形更圆点儿，有58个面，冠部比现代琢形要高，但没有老矿琢形那么高，亭部也挺深，但没有老矿琢形那么深，底面比较大，但也没有老矿琢形那么大。

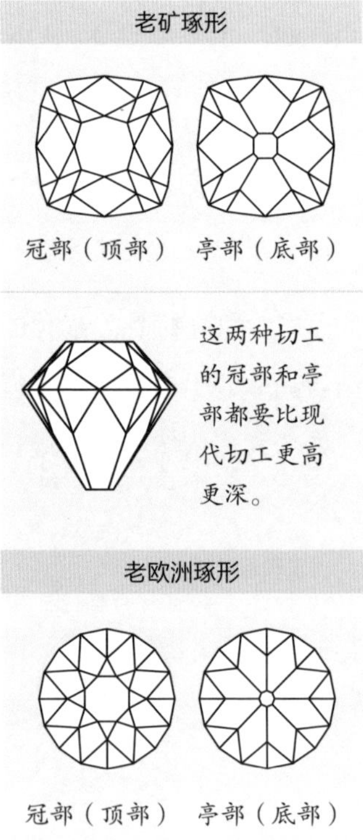

老矿琢形

冠部（顶部）　亭部（底部）

这两种切工的冠部和亭部都要比现代切工更高更深。

老欧洲琢形

冠部（顶部）　亭部（底部）

除了上面提及的早期切工琢形外，还有两种其他的早期琢形在这股复古潮流中很受欢迎：一种是长角阶梯琢形，也称为**垫形**，台面比较小，冠部高，底面大，和老矿琢形有点像，但边比较直，看起来有点被拉长的感觉；另一种是方形琢形，也被称为**阿斯切琢形**，是一种有点接近方形的祖母绿琢形切工，有点接近老欧洲琢形和老矿琢形，其特点是很高的冠部，深亭部，小台面，大底面，倾角很大（某些角度看过去转角位太明显，会使得这种琢形的钻石看起来像八面体）。虽然展现出的亮度不如现代明亮切工，长角阶梯琢形和阿斯切琢形的火彩都很强，并且有着经典的特色外观。

现代镶工的
阿斯切琢形钻石戒指

现代镶工的垫形
老矿琢形钻石戒指

早期切工的钻石一度在用作镶嵌用的配石以及用于设计上的新元素很受欢迎，其中最受欢迎的是阶梯形切工的梯形琢形（trapezoid）、半月琢形（halfmoon），以及水滴琢形（briolette）。

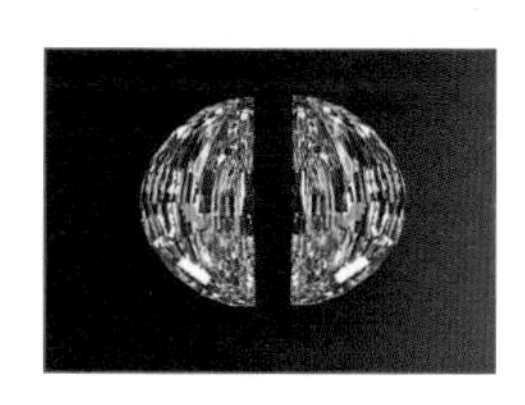

半月琢形

梯形琢形

梯形和半月琢形的钻石通常可见于装饰风格的首饰（这种风格的首饰多见于 20 世纪 10 年代到 20 年代），祖母绿形切工（也是一种阶梯形切工）的钻石和彩色宝石能营造更为优雅的效果。梯形和半月形切工的钻石的低调特质对于首饰是种很好的搭配，当然它们的亮度不如现代明亮切工的钻石。

水滴琢形

水滴琢形因为被切磨成像一颗被细小的三角小面包围的水滴，很受消费者欢迎。单颗的水滴形钻石可以用作吊坠，椭圆形小钻群镶可用于各类首饰。我们经常看到小颗粒水滴形钻石用于耳钉和胸针边缘，群镶的效果像项链穗。

早期切工的钻石价值高吗

有些早期切工非常漂亮。最漂亮的早期切工钻石能展现强烈的火彩和惊人的魅力，这种观念尤其适用于喜欢和收藏早期珠宝首饰的人。然而按现在的标准，早期切工的钻石缺乏亮度，底面太大，这些缺陷都会影响钻石的美和价值。

直到近些年，老矿切工和老欧洲切工钻石的估价依然被拿来和现代切工相比较，其价值除了考虑它的颜色、净度外，重量需按现代切工比例重新切磨后能保留的重量来衡量。然而，现在这种做法已经在慢慢改变，因为越来越多的消费者喜欢早期切工，尽管大多数早期切工的钻石估价还是低于现代切工的钻石，但是现在的价格已经比以往有了很大提升。

约西·哈拉尔（Yossi Harari）设计制作的镶钻首饰，使用氧化金、古典琢形和暖色调搭配，让人想起奥斯曼帝国的风格。

如果早期切工的钻石还是镶嵌在古董首饰上，我不建议取下来重新切磨，因为这样会影响整个古董首饰的

阶梯式琢形

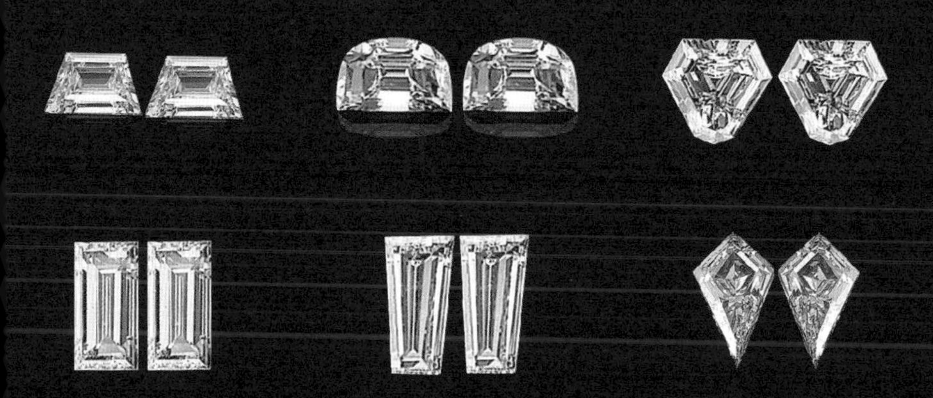

明亮式琢形

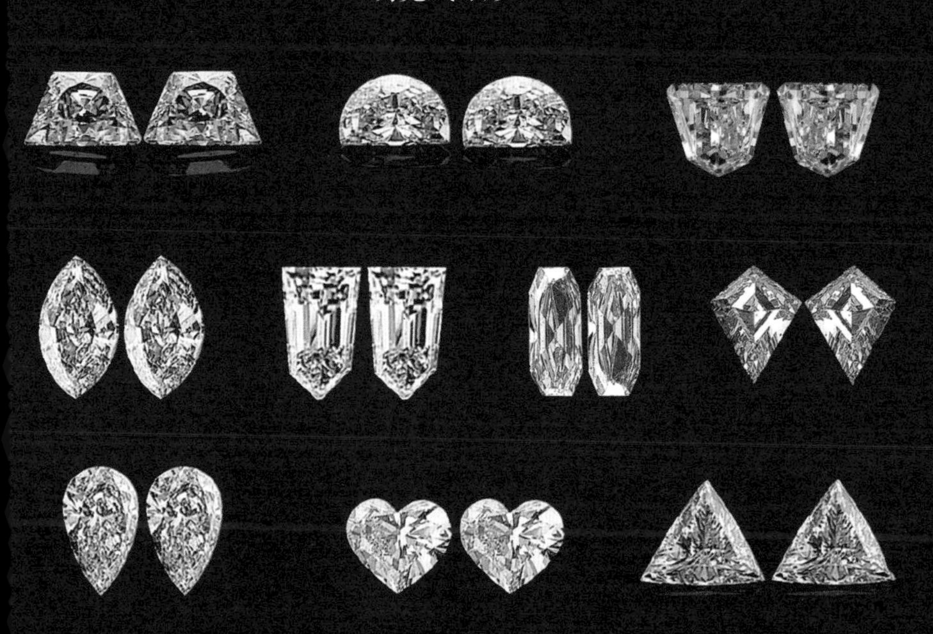

成对的阶梯式琢形和明亮式琢形钻石，经常用作侧石来突出设计主体。

完整性及价值。

如果这颗早期切工的钻石没有其他太多特色，要不要重新切磨就取决于它对您的吸引力有多大了。如前面所述，有些早期切工在一部分人看来很美，但在其他一些人看来则厚重无光，缺乏活力。一颗没什么吸引力的早期切工钻石如果重新切磨能焕发出新的光彩，即使会损失一些重量，也会因为切工改善获得差不多甚至更高的价值。并且，重新切磨有时候还能改善原有钻石的净度。总之，在决定是否重新切磨前，您需要注意，早期切工的钻石由于越来越稀少而使得其价值也越来越高。由于早期切工钻石的一些特性，使得它们有着一些现代切工无法企及的魅力。

关于重新切磨的钻石

在美国，有许多工艺极佳的钻石——纽约是全世界最重要的高质量钻石切磨中心之一——通过切磨工人重新切磨，质量会得到极大提高。

如果您有一颗早期切工的钻石，切工样式您已经不大喜欢或者钻石本身有损伤，可以通过向当初销售给您的珠宝商咨询，钻石切磨师会告诉您钻石是否需要重新切磨，以及如果重新切磨需要的费用和可能面临的风险。记住，无论何时，一颗钻石进行重新切磨时会有不同程度的风险。

通常钻石重新切磨的费用大致在每克拉 350~500 美元，其变化取决于切磨的技术要求和工作量的多少。在某些情况下，这个费用会更高。因此，如果重新切磨的费用是每克拉350美元，重新切磨一颗2克拉的钻石的工费就是700美元。

一位有见识的珠宝商能帮助您决定您的钻石是否需要重新切磨，并为您安排人选，还会确保您拿回的钻石正是您交给他的那颗。无论是从您还是钻石切磨师傅的财产安全角度出发，我都建议您在钻石送去重新切磨前取得一份检测证书，以确保您对取回来的钻石有一个参考依据。

切工和比例关系能在多大程度上影响现代钻石的价值

每克拉优质切工比例良好的钻石明显比那些切工不那么好的钻石贵许多。以下我们把那些常见的切工缺陷对钻石的价格影响程度大致罗列出来：

· 台面不合理，八边形不对称——价格降低2%~15%。

· 腰棱太厚——价格降低5%~10%。

· 腰棱太薄——价格降低5%~25%。

· 冠部对称性不好——圆钻价格降低5%~15%。花式切工的钻石价格影响不那么严重，因为花式切工的对称性不容易看出来。

· 底面不均匀——价格降低2%~5%。

· 底面偏离中心——价格降低 5%~25%。

· 整个钻石太浅——价格降低 15%~50%。

· 整个钻石太厚——价格降低 10%~30%。

· 冠部薄了——价格降低 5%~20%。

· 冠部厚了——价格降低 5%~15%。

如您所见，这是一个比较宽泛的范围，具体取决于缺陷的大小程度，只有很有经验的专业人士能决定有缺陷的钻石的价值损失。但是以上的价格损失快速估算表让我们知道上面那些切工缺陷（其实都是很常见的）能明显地降低每克拉钻石的价格。

两颗相同重量、颜色和净度的钻石，切工品质不同，其价值会相差很远。

第 6 章　钻石的颜色

颜色是消费者选购钻石最重要的考虑因素之一，也是消费者第一眼关注到的东西。无论钻石的颜色是白色，或者，准确点描述是无色（实际上钻石也有白色，通常是乳白色、半透明的，但这种很稀有，而且大多数人没发觉其魅力所在）或者稀奇少有的彩色。钻石的颜色级别也是影响其价值的最重要因素之一。

钻石颜色指钻石本身的颜色，“白色”钻石中最好、最贵的级别是完全无色的，就像纯净的矿泉水。大部分钻石或多或少带有黄色调或者棕色调。其实钻石具有彩虹色中的各种色调。天然有颜色的钻石被称为彩钻，关于彩钻的颜色分级我们将在第二部分第 12 章中进行探讨。

如何评定无色钻石的颜色级别

对于无色钻石，其相邻颜色的级别差别非常细微。当钻石镶嵌好后，甚至相邻几个级别的颜色都不容易看出差别。记住，当钻石镶嵌好了以后，要想非常准确地进行颜色分级是很困难

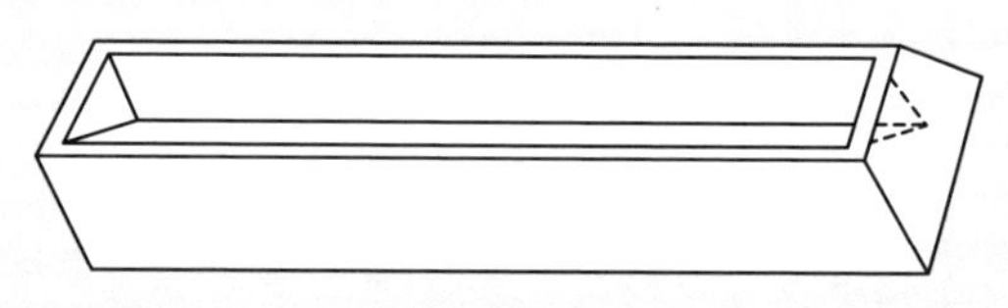

钻石比色槽，用塑料的或者一次性白卡纸折叠而成。请确保使用时清洁。

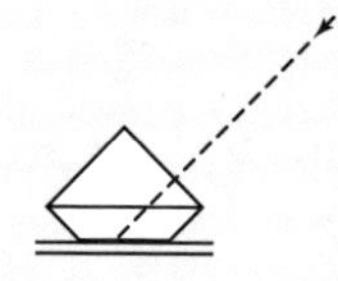

位置一：把钻石台面朝下放置，从亭部小面角度看钻石。

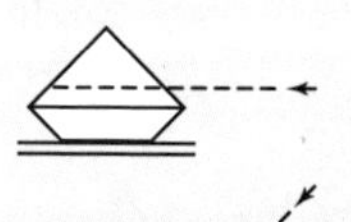

位置二：把钻石台面朝下放置，从腰棱上方的水平角度看钻石。

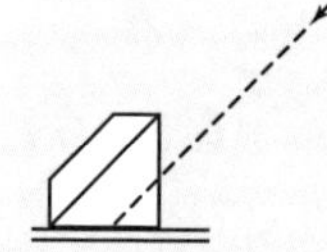

位置三：把钻石亭部朝下放置，底尖朝向观察方向，从腰棱下方的，且与腰棱平行的角度看钻石。

位置四：把钻石台面朝下放入比色槽，底尖朝向观察方向，从亭部，且与腰棱平行的角度看钻石。

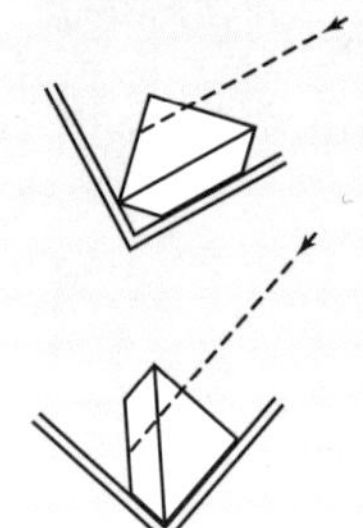

位置五：把钻石亭部朝下放置在比色槽中，底尖朝向观察方向,从亭部小面角度看钻石。

的。而对于裸钻，如果观察角度合适，哪怕是一位业余爱好者也能学会看出不同级别之间的差别。

由于钻石有很高的亮度和火彩，所以从钻石的顶部或者侧面准确判断其颜色级别并不容易。最佳的观察钻石颜色的部位是把钻石台面朝底，倒过来观察钻石的亭部。同时使用专业的比色纸槽（通常可以从珠宝商那里买到），或者把白色的名片纸折起来仿制一个。

什么是钻石的白色

当讨论无色钻石的白色时，我们指的是黄色或者棕色调的程度，不是指天然的彩色钻石。

GIA D 至 Z 颜色示例

D　　H　　N　　Z

现在，美国和其他国家的大部分无色钻石的颜色分级用字母表顺序来表示，从字母 D 开始。这种字母对应是美国宝石学院引入的颜色分级系统的一部分，如今在全世界钻石贸易中被广泛应用。GIA 的分级体系中，D 色是最高的颜色级别，沿字母表顺序延伸到 Z，黄褐色调逐渐变浓。D、E 和 F 这三种颜色级别的钻石非常贵，而且是仅有的几种被当作无色的颜色级别（实际上，E 和 F 这两个颜色级别并不是无色，也能看到一些黄或棕色的痕迹，但是色调很淡，把它们归入无色也是可以接受的）。

颜色被定级为 D 的钻石是最高级别的颜色，本质上是无色的，就像晶莹透亮的泉水，是无色系里最漂亮的。D 色的钻石价格非常贵，相比其他颜色有明显的溢价。E 色的钻石其实如果不是很有经验的专业人士是很难和 D 色区分开来的， E 色的钻石价格也很贵，但是每克拉 E 色的钻石比起同级别 D 色的钻石价差很明显，虽然肉眼看起来它们之间没多少差别。F 色和 E 色看起来差别也不大，但是 F 色和 E 色之间的差别比起 E 色和 D 色之间的差别要大，相对易于辨别。

哪种颜色级别是最令人满意的

D、E 和 F 色都是非常好并且稀有的颜色，常常被钻石商称为无色、极白、优白，G 色 和 H 色则会被称为很白或者白，这些级别的颜色都比较稀有并且被认为是非常漂亮的。I 色和 J 色相对于 G 色和 H 色的黄褐色调更浓，售价会相对便宜，但是钻石颜色级别从 G 色到 J 色都是很好的颜色，被归为接近无色的颜色。颜色级别在 K 至 M 的颜色有较强的黄棕色调，但是镶嵌后能部分掩盖这些色调，颜色级别在 N 至 Z 色的钻石其黄色调或者棕色调越来越强。颜色级别在 D 至 J 色的钻石目前看来比颜色级别在K至Z色的钻石要更有销售潜力。当然，这并不代表颜色不那么稀有的级别的钻石就不漂亮或者不吸引人，有时候，一颗黄褐色调深的钻石能有一种其他钻石所没有的暖色调温和感觉，镶在一枚和其搭调的戒指上，会带有一种独特的吸引力。

钻石的颜色级别能在多大程度上影响其价值

对于未受过专业训练的人来说，一颗镶嵌在首饰上的颜色区间在D至H色的钻石，要想让他用肉眼辨识出来是不可能的。然而，颜色上的差别会显著地影响钻石的价值。一颗1克拉重，净度无瑕，完美切磨比例，D色的钻石，其零售价可以达到30000美元；而其他参数相同，仅仅是颜色变成了H色，就大概只能卖12000美元；同样其他参数，颜色是K色的，大概只能卖7500美元。当然，如果这颗钻石的净度不是无瑕，它的价格又会大打折扣。这听起来挺复杂的，但是当您开始挑选钻石时，就会了解颜色的差异及其对价格的影响，这一点在您准备购买钻石时会影响您的选择。

钻石颜色分级表		
无色	D	呈无色透明状。
	E	
	F	
近无色	G	当镶嵌后，非专业人士看起来是无色的。
	H	
	I	
	J	
极微黄色 ★	K	小颗粒的被镶嵌后不容易看出颜色，超过半克拉的钻石即便被镶嵌也会有明显黄色调。
	L	
	M	
轻微黄色 ★	N	
	O	
	P	
	Q	
	R	
浅黄色 ★	S	即便非专业人士也能看出越来越强的黄色调，明显偏离无色—白色色调。
	T	
	U	
	V	
	W	
	X	
	Y	
	Z	

★ 通常是黄色，也可能是棕色或者灰黑色。

常用钻石颜色分级系统表

GIA 和美国宝石协会（AGS）的颜色分级标准在美国比较通用，同时 GIA 的颜色分级标准在全世界其他许多地方也被广泛运用；斯堪的纳维亚钻石委员会（Scan D.N.）分级标准则主要应用于北欧斯堪的纳维亚半岛国家；国际珠宝联盟（CIBJO）分级标准，其应用国家主要是参与这个组织的许多欧洲国家和日本、美国等；另外还有一个分级体系是由比利时高阶层钻石议会（HRD）制定的。

		美国宝石学院	美国宝石协会	斯堪的纳维亚钻石委员会0.50克拉以下	斯堪的纳维亚钻石委员会0.50克拉以上	国际珠宝联盟0.47克拉以下	比利时高阶层钻石议会
小颗粒钻石被镶嵌后呈无色	钻石被镶嵌后呈无色	D	0	白	河水钻	特白	特白†
		E	0.5				特白
		F	1		顶级威赛尔顿钻	优白	优白†
		G	1.5				优白
		H	2		威赛尔顿钻	白	白
		I	2.5		优质晶钻		
	钻石被镶嵌后呈现的颜色渐深	J	3	微黄白	晶钻	浅黄白	浅黄白
		K	3.5	黄白	优质开普钻	黄白	黄白
		L	4			黄白	
		M	4.5	黄	开普钻	黄	黄
		N	5				
		O	5.5		浅黄色		
		P	6				
		Q	6.5				
		R	7				
	钻石被镶嵌后呈黄色	S	7.5		黄色		
		T	8				
		U	8.5				
		V	9				
		W	9.5				
		XYZ	10				

对于重量超过 1 克拉的钻石来说，石头颜色越好，越是有必要准确地知道它的颜色级别，因为这时候颜色级别对价格的影响巨大。另一方面，如果您清楚这颗钻石的颜色以及对应的合理价格，您可以选择颜色级别低 1~2 个级别的钻石，这时候每克拉的价格就能便宜许多，当然它们之间的差距也许很细微，也许会比较明显，甚至在镶嵌之后也是如此。因此，对于价格上的差距，您也许可以选择一颗更大的钻石，或者一颗切工或净度级别更高的钻石，这取决于您认为哪方面要素是最重要的。

颜色是天然的还是经高温高压处理形成的

钻石颜色的差别也许是细微的，但由此对应的价格上的差距却非常巨大。了解钻石的颜色级别很重要，而清楚钻石的颜色是天然的还是某种人工处理产生的则更为重要。在第二部分第 10 章，我会讲述几种许多年前被用来使偏黄的钻石看起来显得白点的欺骗性处理方法。这些处理方法的效果只是临时性的，任何合格的宝石专家都能发现问题。但这几年，许多新的处理技术涌现出来，有些改善方法的效果是持久的，更重要的是，要察觉这种改善处理有时需要复杂的设备检查才能发现。一方面，这种改善处理的效果让人激动；另一方面，也促使您未雨绸缪地去了解这是不是您想要购买的东西。

20 世纪 90 年代，一种新的钻石产品面世，它是通用电气和一家钻石生产商的合资公司历经多年的研究成果。这种钻石产品由一种包含高温高压处理的新工艺（通常被称为HPHT工艺）处理而成。通过这种工艺，黄黄的和黄白色的钻石可以转变成无色或者接近无色，色级从D至H色都有。除此以外，这种处理工艺还能用于生产彩色钻石，包括黄色的、黄绿色、粉色和蓝色钻石（具体请参阅第二部分第10章和第12章）。这种工艺的发明者认为它们创造了一种新的钻石品种，这种品种给传统钻石消费者提供了一种新的替代品。这些被称为GE处理无色钻石（GE-POL）的颜色是持久和不可逆的。但是不是所有的黄褐色钻石都能转变成无色的和接近无色的，只有一小部分钻石能通过高温高压处理工艺变白。对于所有开采出来的钻石来说，据统计，不超过2%的钻石会对高温高压工艺有效果。大颗粒的钻石对高温高压法有效果的比例要高一点。

Bellataire™ 高温高压工艺加工的经典优雅钻石。

由通用电气公司生产的“无色”级颜色改善钻石如今被命名“贝拉泰尔”（Bellataire™）并注册商标，通过签署独家协议的特定商家进行销售。它们通常被切割成花式琢形（大约占85%），颜色级别从D至H色都有，净度级别通常在VS_2以上（具体参见第二部分第7章关于净度分级内容）。为了清晰沟通和体现诚信，每颗这种钻石都在腰棱上用激光打上了Bellataire™的标志和编号，但是目前已经出现了把激光编号通过抛光抹掉的案例。

贝拉泰尔钻石的价值方面，目前它们的标价是不太清晰的。有的零售商认为这种钻石比较稀有，要的价钱比同等的天然品还要高一点点，然而其他零售商通常给顾客的价格比同等天然品要低15%~20%，非常有诱惑力。对许多人来说，这是一种很漂亮并且让人兴奋的高科技替代品，然而，最终能决定它们价位的还是消费者对它们的接受度和需求量。

除了贝拉泰尔品牌的无色和彩色钻石外，其他许多公司也使用高温高压处理技术对钻石进行白化并生产一系列彩色钻石。朗讯钻石公司（Lucent Diamonds™）的卢米纳利（Luminari）品牌提供黄色、深黄色、橘黄色和黄绿色等多种钻石，并且在近年开发出了一种令人心动的新颜色钻石——朱红色钻石；新星钻石公司（Nova™）和圣丹丝钻石公司（Sundance corp.）也向市场提供一系列的高温高压处理彩钻。圣丹丝钻石公司还提供颜色不佳的钻石颜色改善服务。甚至还有迷人的黑色钻石通过高温高压法处理出来，谁知道还会有什么迷人的钻石颜色在未来等着我们。彩色钻石中，高温高压法处理颜色的彩钻的售价明显要比天然彩色钻石便宜很多。

许多人被高温高压法处理的钻石迷住了，并认为它们是天然钻石的一种很吸引人的替代品。像美国宝石学院、瑞士珠宝研究院和欧洲宝石实验室等研究机构都给这种处理过的钻石出示分级报告，并在报告中标示有高温高压处理，通常在“注释”

里进行标注（参看第二部分第 9 章）。美国宝石学院还要求高温高压处理的字样“HPHT Processed”在出具分级报告前被激光打标标注在这种钻石的腰棱上。然而，购买时还是需要小心谨慎，这种钻石不断地出现在市面上，这也给了我们在购买任何高价值的钻石时需要先获得鉴定机构的证书的理由。之前也发生过高温高压处理的钻石出售却没有被标注或者说明的情况，更重要的是，在意识到高温高压处理技术在钻石领域的应用前，宝石鉴定机构从没有做过相关的研究和检测，也就没有这方面的数据和技术用于检测。如今绝大部分这种高温高压法处理的钻石都能被检测出来，但是 2000 年前高温高压法处理的钻石轻易地流入市场而未被检测机构发现。参看第二部分第 10 章以便获得更多相关资讯和建议，可以使您免于在购买高温高压法处理钻石时一无所知。

什么是荧光效应？荧光效应对钻石的挑选有什么影响

如果您曾经参观过一些自然科学博物馆里的宝石与矿物展览，类似于纽约的美国自然历史博物馆、华盛顿的史密森尼自然历史博物馆或者休斯敦自然科学博物馆等，您也许还记得一些在常光下发白、发灰或者发黑的看似普通的岩石，在换了种灯光后，居然突然魔幻地呈现强烈的红、橙、黄、绿、蓝、紫等颜色，而这种魔幻的转变仅仅是动了一下光源开关。人们被这种变化吸引住了，并且想知道是如何发生的，这是一种非常有趣的现象。

当我们看到颜色的时候，我们看到的是不同波长的可见光谱，在我们的视域里表现为不同颜色的光谱，包括红色、橙色、黄色、绿色、蓝色、青色、紫色。除了这些波长的可见光谱外，还有我们肉眼视域所无法看见的波长的光谱，例如，比紫色光的波长更短的非可见光波被称为紫外光，它们确确实实地存在，只是我们无法单凭肉眼感知。当我们看到那些博物馆里神奇的岩石在肉眼看不见的紫外光照射下时，我们能看到之前所看不到的颜色，这种反应是由于照射光波的波长变化的结果。当我们照射光源从可见光转变为肉眼看不见的紫外光时，紫外光对那些岩石产生能量激发，并发出我们突然能看见的艳丽色彩，这种颜色变化的习性就是所谓的荧光效应。

紫外光照射启动会激发那些岩石的荧光效应，您就能看到那些梦幻的颜色，当紫外光被关闭，那些岩石就会恢复到它们的正常状态（常光下看到的颜色）。在某些情况下，有些岩石的闪光还会微弱地持续一小段时间，我们把这种微弱的持续发光现象称为磷光效应（有些手表会有磷光表盘，从亮处走到暗处一段时间内仍能发弱光）。但是荧光效应只能在紫外光照射下才会显现出来。

有些钻石和其他宝石暴露在紫外光照射下的时候也会有荧光效应。如果您只考虑带有类似于 GIA 这样的享有很高业界声誉的鉴定实验室的分级报告的钻石的话，他们所出示的报告会标明这颗钻石是否有荧光效应，而且还会标明它的荧光效应的强弱（分微弱、较弱、中等、强、很强5个等级）。这里再强调一遍，无论钻石的荧光色如何，只会在暴露于强紫外光照射的情况下才会显示出荧光效应。

无论一颗钻石有没有荧光效应，它的荧光色是什么颜色，以及荧光效应有多强，都需要一种特殊的灯，也就是能发出紫外光的荧光灯（UV lamp）来判断，博物馆矿物岩石收藏部用来照射有荧光效应的矿物岩石的紫外光的荧光灯通常是一种大型的荧光灯。荧光灯也是宝石鉴定实验室以及钻石商和珠宝商的标配器材之一。

我自己的订婚戒指可以追溯到19世纪中叶，中间镶了一颗珍珠，两边各镶了一颗古典老矿切工的钻石。当我做演讲时，我习惯把身边的主灯关上，打开自备的紫外灯，照射在我的戒指上，然后可以听到观众在看到从里面一颗钻石上发出的蓝色荧光时的激动喘息声。我的戒指曾经被偷过，又被警察找回来了。戒指上两颗钻石一颗有很强的蓝色荧光而另一颗没有，加上它们的古典切工，便是这枚戒指所有权属于我的独特证据。

据估计超过40%的钻石在紫外光照射下有荧光效应，其中15%的钻石会有强荧光或者很强的荧光。钻石有各种荧光色，但绝大多数钻石呈现的荧光色都是蓝色（大约占98%），其他颜色极少，而且其他颜色又大多数是黄色。显然，如果钻石的荧光色既不是蓝色又不是黄色，那将是非常稀有的，在有必要证明归属权时是一个很重要的证据，无论您何时把它放在何地，它特殊的荧光色都会有助于您把它找出来，这会给您一种直接的归属感。

无论钻石的荧光色是什么颜色，谨记那只有在紫外光照射下才会发生。在正常光源条件下，无色的钻石就是无色的。但是，如果这颗钻石的荧光效应够强（中等、强或者很强），其荧光性可能在一定光源条件下影响它的颜色等级。

一颗钻石是否有荧光性以及其荧光色如何是需要注意的，因为我们身边的不同光源带有不同波长的紫外光，能一定程度上引发钻石的荧光效应并使得钻石的颜色看起来更白或者不那么白。白天室外的光线中有较强的紫外光，有些室内的光线类似于日光灯等，也会有较弱的紫外光。有些很强的白炽灯也会有一定的紫外光，这些光源可能会在一定程度上引发荧光效应。室内的光源通常不容易达到激发明显荧光效应的强度，除非钻石被拿到离光源只有几英寸的地方，一旦钻石从光源处拿开，荧光效应就会消失，并恢复其正常颜色。

荧光效应对钻石颜色影响最强的环境基本是在白天室外自然光源条件下。荧光效应为强或很强的蓝色时，有时候会在白天室外自然光源下显得更白，有时甚至其色级能提高好几个等级，因为白天室外自然光的紫外光的强度足够激发荧光效应。当钻石的蓝色荧光被激发时，会使得钻石内部产生特强的蓝色从而掩盖其原有的黄色调，这时钻石看起来会更白。当然需要说明的是，室外紫外光导致的蓝色荧光不会像在紫外灯下那么强，通常来说也不会引起注意，然而，有些D至F色的无色钻石如果在紫外光下有强或者很强的蓝色荧光色的话，在室外自然光下看起来会呈现一种亮蓝色调。有段时间，这种钻石被称为“蓝白”钻石，但是这个术语现在已经不使用了，除非这颗钻石在室外光下真的有蓝颜色。

无论钻石的荧光色在室外自然光下如何，在室内光源条件下都很难看到，除非您把钻石拿到有室外光源透过来的窗户边，或者拿到离某种荧光灯很近处，抑或放在离某种白炽灯很近的地方，否则不会有足以激发钻石荧光效应的紫外光。这意味着我们在室内光源条件下看到的是钻石固有的自色，是它在稳定状态下的正常颜色。

理解荧光效应对钻石颜色的影响

为了更好地理解荧光效应对您看到的钻石颜色的影响，我们设想在室内没有紫外光波的灯下看三颗颜色级别为G的钻石，在这种灯下，即使钻石有荧光效应，显示出的也是它的正常自色。我们再设想这三颗钻石中，一颗没有荧光效应，另一颗有很强的蓝色荧光，还有一颗有很强的黄色荧光。没有荧光效应的钻石在室内灯下和室外的颜色是一样的，有蓝色荧光的钻石在室内灯下显出的颜色级别是G，但在室外自然光下会显得更白，可能显示出的颜色级别会到F，甚至E或者D，而那颗有黄色荧光的钻石在室内灯下的颜色级别是G，但是在室外自然光下会显得更黄。有荧光的钻石在室外自然光下偏黄或者偏白的程度不仅取决于它自身荧光效应的强弱，还取决于一些其他的因素，比如这一天的时间段，海拔高度，您在南半球还是北半球观察，那天有没有雾，等等。重要的是您需要理解，一颗钻石的颜色在白天室外自然光下会看起来更白或者更黄，但这三颗在室内灯下的颜色是一样的。所以看钻石的标准光源应该是在室内的灯光下。

就像那些博物馆里有荧光效应的岩石似的，当照射的紫外光被关闭后，它们就回到了原本的颜色。这对于有荧光效应的钻石也是如此，当被佩戴出门时，它们也像被放在紫外光下照射似的；当进入室内，就像是关了紫外光，又回到了常光下。

钻石的荧光效应是受欢迎还是不受欢迎呢

谈到荧光效应，只要钻石的固有自色标示在分级报告上，而且您是按照钻石的真实自色付款，当这颗钻石在紫外光波照射下没有荧光效应时，这样既不是什么好事也不是什么坏事，只是一种个人喜好而已。许多人对荧光效应很着迷，想找一颗有荧光的钻石。某些情况下，蓝色荧光的钻石在室外光下看起来更白点，这算是一种额外的好处。对于另外一部分人来说，黄色荧光的钻石也是可以接受的，因为这种钻石由于不太受欢迎通常会有额外折扣，可以少付点钱，要知道这些黄色调只会在室外光下才能看到，在室内光下或者在黑夜里它与其他同颜色级别但更贵的钻石来说是一样的。

为了确保钻石的分级报告上写的颜色是它的真实自色，这颗钻石需要在分级之前先用荧光灯测试一下是否有荧光效应，如果有荧光效应，就需要在没有紫外光的灯下进行分级，或者用一个紫外光滤镜过滤掉紫外光。这是为了避免被激发的荧光效应对分级的影响。

蓝色荧光性是钻石非实验室合成产品的证据

如今，无色透明的实验室合成钻石（参看第二部分第10章）早已进入珠宝市场，值得注意的是钻石的蓝色荧光是这颗钻石非实验室合成而是天然钻石的证据。像其他许多实验室合成宝石一样（在这里，“实验室合成”和“人造”是同样的意思），实验室合成的钻石和天然钻石很难区分，因为它们无论是物理性质、化学成分和光学特性都基本一致。但是如果一颗钻石有蓝色荧光，您就无须麻烦鉴定机构就能确认这颗钻石是天然的。

钻石的荧光性会影响其价值吗

如果钻石的颜色分级代表的是它的固有自色，非紫外光条件下的真实颜色，那么其荧光效应或多或少会对钻石的价值有所影响。一直以来，钻石颜色分级是在过滤掉紫外光的光源环境中进行的，这保障了所看到的是钻石的真实自色。除了钻石的自色外，分级报告上还会标示这颗钻石是否有荧光效应、荧光色以及荧光效应的强弱。所以，有这方面知识的买家通常会寻求带“蓝色荧光”的钻石，因为知道这样的钻石在一定光源下会显得更白。因此，有蓝色荧光效应的钻石特别受欢迎，因为白天看起来更白，这是一个小的红利，也使得有蓝色荧光的钻石比同颜色级别无荧光的钻石有一定幅度的溢价。

近些年，由于多种原因（由于篇幅所限，我们不能再次探讨这些原因，如果您想得到关于这方面的更多信息，请登录我们官方网站 www.antoinettematlins.com），许多宝石实验室出具的分级证书标示的不是钻石的固有自色，而是石头在没有排除紫外光的光源环境里的颜色。如今，如果钻石的蓝色荧光够强（“中等”“强”或者“很强”），有些证书上的颜色可能会比正常的颜色偏高。如果荧光是够强的黄色荧光，则证书上的颜色级别可能会比正常的颜色级别要低，所以我们在买有荧光效应的钻石时要特别注意。我建议当您购买带荧光的钻石时，无论它是否有著名实验室的分级证书，都最好请有经验的宝石专家用无紫外光的光源，或者有紫外光滤镜的光源再检测定级一次，以确认钻石的固有自色并判断所付价格是否合适（相关实验室名录列表见附录）。

如果找专家来做鉴定不太现实，您如果能察觉钻石颜色上的细微差异变化的话，我们建议您在不同光源环境下查看钻石的颜色。直接在日光下观察（不要透过玻璃，要么走到室外，要么打开门或者窗让光直接照射过来），或者放在日光灯下观察，然后比较钻石在房间中间或者室内离光源有点距离的地方所看到的颜色。如果钻石在各种光源下的颜色一致，那么它的颜色级别就是准确的；如果钻石的颜色在离开日光或者日光灯下后看起来不那么白，那么这颗钻石的颜色定级有可能会偏高，相应的售价也可能会偏高。最好的比较方法是另外拿一颗同样颜色级别、大小尺寸差不多但没有荧光效应的钻石，各个角度比较它们在不同光源下的颜色，看看它们是否有差异。

钻石的荧光能多大程度影响其价值

总体来说，如果钻石的荧光效应强度是“可忽略”“很弱”或者“弱”的话，对钻石的颜色和价值几乎不会有什么影响。如果荧光强度比较强，就会影响价值，有时会很明显地影响价值。某些罕见的例子里，有“强”或者“很强”的荧光效应的（尤其在室外有蓝色调的）钻石有时会有很高的溢价，因为在这种情况下除了这些钻石的颜色会被正向影响外，它们的原有自色等级也会显得很高。

荧光对价值的影响取决于钻石分级的时候所使用的光源。一颗有“中等”荧光效应的钻石的颜色在日光下会被影响到与自色差 $^1/_2$~1 个等级，如果荧光效应“强”，能影响 1~2 个等级，如果荧光效应是“很强”，能影响 3~4 个等级，如果分级报告上的颜色标示的是受蓝色荧光效应影响后的临时颜色，您有可能会为此多付价钱；但如果分级报告上标注的是受黄色荧光影响后的临时颜色，您付的钱可能会比钻石的真实自色的价格要少。在后面这种情况下，由于这样的钻石其实在室内光源下和与它自色一样的钻石是一样漂亮的，您可以付较少的钱买到与卖得更贵的钻石效果一样的货品。

在钻石有“中等”“强”或者“很强”荧光的情况下，如我们前面所提及的，我们强调要找一位会用没有紫外光的灯来对钻石颜色进行分级的宝石专家，来确认钻石的固有自色。用这个办法您不仅能知道钻石的固有自色，还能知道它的售价是否合适。如果销售钻石的珠宝商并不乐意让您在售卖前就把钻石带走，能不能买取决于宝石专家的颜色分级测定以及对合适售价的确认。

如果您不能把石头带去给宝石专家进行评估，并且您不能确认能否看出有荧光效应的钻石在不同光源下的色差，我们建议您继续去找，直到找到另一颗同样漂亮而且没有荧光效应的钻石。

另一种方法就是使用一种“最坏打算法”来判断这颗钻石的价格是否合适，以下是“最坏打算法”的做法。例如：您考虑一颗有很强蓝色荧光效应的 1 克拉的钻石，分级报告上显示的颜色等级是 E，假定这颗钻石的固有自色可能比报告上低 3~4 级，那就是颜色等级为 H 至 I。这种情况下，它们的价格差异是可以估算的。一颗固有自色的颜色等级为 E 没荧光效应的 1 克拉钻石大约价值 20000 美元，相应大小及其他参数相同的颜色等级为 H 至 I 的钻石价值约 11000 美元。如果这颗钻石很漂亮，在某些光源环境里看起来更白一些，那么这颗钻石会有一些溢价，其价格在 12000~13000 美元。如果这个价格和商家的报价接近，那么这颗钻石的价格是比较合适的，如果商家要的价钱高太多，我们建议您还是去找另一颗更合适点的吧。

我们需要强调的是，只要一颗钻石的价格是合适的，那么买一颗带荧光的钻石不是什么坏事，无论它的荧光是蓝色、黄色还是其他颜色。有荧光效应的钻石是迷人的、有特色的，有着独特的魅力。

什么是普列米尔钻石

这个时候我想谈谈一种很少见的有荧光效应的钻石——普列米尔钻石，这个品种被称为“首相”（Premier）钻石，这并不是因为这种钻石比其他钻石要好，事实上，这种钻石通常比其他钻石售价低很多。

任何普列米尔钻石都会有点淡黄色，但是黄颜色被蓝色强荧光给掩盖了。就像其他有蓝色荧光的钻石那样，普列米尔钻石在某些光线下也比它的自色要显得更白。它确实有点蓝色调，有时甚至还有点淡绿色调。然而，普列米尔钻石看起来总会有点黑蒙蒙或者油油的感觉，这是由于这种钻石自身的黄色调与荧光的蓝色调混合的结果。这种黑蒙蒙使它显得不好看，并严重影响了它的价值。总体来说，普列米尔钻石的价格变化取决于它的黄颜色的多少和黑蒙蒙的程度。

不要把普列米尔钻石和正常蓝色荧光的钻石搞混了。许多钻石都有一定的荧光效应，也有许多钻石本来的自色就是很漂亮的白色。最重要的是这些钻石和普列米尔钻石的区别在于它们在日光下不会显得黑蒙蒙或者油油的。

什么是“变色龙”钻石

变色龙钻石是一种通常状态下呈淡绿色（带点浅灰色或者浅黄色底色），但是在受热或者放在暗处颜色会变得更黄的钻石，简单说它具有热变色现象（thermochromism）和光致变色现象（photochromism）。这种变化会在放到暗处几个小时后变得很明显，还有，被加热到300华氏度（约150摄氏度）后几秒钟也会如此。

真正的变色龙钻石在加热或者放到暗处后会从淡绿色变成浅黄色。有些钻石身上有另一种颜色变化现象，被称为“逆变色龙”现象，指的是钻石的黄颜色变成浅绿色，但这种现象只有被放在暗处才会发生，加热不会有。

真正的变色龙钻石很稀有，备受收藏家和鉴赏家的欢迎。变色龙钻石通常很小，很少有超过5克拉的。它们能卖到很高的价格，几年前，一颗2~3克拉的变色龙钻石很容易卖到75000美元，一颗超过4克拉的则能达到大约240000美元。通常拍卖市场是这种钻石的主要流通渠道，但每年很少超过一颗或两颗。

还有一些其他的有变色效应的钻石，通常颜色的变化取决于不同的光源照射。一些有很强荧光效应的彩色钻石在白炽灯下呈现一种颜色，在日光下或者日光灯下又会呈现完全不同的另一种颜色或者它原有的颜色带有明显的另一种色调。然而，这些都不是所谓的变色龙钻石，也不能称为变色龙钻石。

清洁钻石以确保看到钻石最佳的颜色

脏兮兮的钻石看起来既不白，也不闪。钻石表面积累了好多尘埃，尤其是油污，会让它看起来显得有点黄。所以，如果您想看到钻石漂亮的那一面，请保持清洁。

这一点在您查看有意向的老首饰时更明显。当您考虑一件老的钻石首饰时，仔细留意一下它是否被长年累月佩戴累积的污垢影响，如果真是如此，那么这件首饰的钻石的颜色级别可能会比您第一眼所看到的感觉要好点。这是因为尘埃混合着各种油脂（洗碗或者化妆等）和钻石接触，时间长了会令钻石发黄。

第 7 章　净度分级：钻石的瑕疵

瑕疵分级也被称为净度分级，是评估钻石的价值标准之一。自然界的所有事物没有真正意义上的完美无瑕，即使是某些非常昂贵的、被分级为“无瑕”级钻石，在某种程度上也是误导，您必须确认这个术语真正的意思。

在谈论这个分级体系时，我们提到的瑕疵是微小的，通常是显微级的特征存在。瑕疵通常意味着不太好，但是在这里并非完全如此，瑕疵仅仅是钻石构成的一部分。理解钻石形成于自然环境，每颗都会产生某种类型的内部特征，这点很重要。这些瑕疵可能是羽毛状的微观裂隙，有些瑕疵在显微镜下观察效果很可爱，有些有很微小的金刚石晶体，甚至是一些其他宝石的晶体。

每颗钻石都有其与众不同的内部特征。在宝石商贸中，这种内部特征被称为内含物或包裹体，也就是钻石在自然界结晶形成时被包裹进去的东西。每颗钻石的内部特征图案都不一样，独一无二，所以钻石的净度图案是鉴定一颗钻石的重要特征。

净度能在多大程度上影响钻石的美

如果钻石的净度属于第一至第八个净度级别（FL~SI），净度对于钻石的美观程度很小或者没什么影响，了解这一点很重要，我们将在这一章后面部分谈论关于净度的级别。很少有人能用肉眼辨别不同钻石之间的差别，除非它们到了明显瑕疵的级别，甚至借助放大镜也很难看到钻石里有任何东西。

许多人错误地认为净度级别会影响钻石的亮度和闪耀度，这是不对的；除了很低的净度级别外，钻石的净度级别对钻石的外观影响很小。许多人认为净度越高，钻石的亮度和闪烁度也会相应越高，也许这是净度这个术语本身导致了这种误解（这也是我不喜欢净度级别这个术语的原因）。

就像前面第二部分第5章节已经谈论过的，无论如何，切割的精准度决定了钻石的亮度和闪耀度。对于买家来说，瑕疵级别或者说净度级别很重要，因为它指示了一个相对的偏差，钻石的“干净”程度如何，并且这种级别对于钻石的价值有着明显的影响。钻石越干净越稀有，越稀有越贵。但是钻石不必完全无瑕才会漂亮闪烁。

如在购物和比较时所看到的，您能在一个很宽的净度级别范围内发现非常漂亮闪烁的钻石。吃透了钻石的净度级别，您会发现它的灵活性，也许用您的预算能买到颜色更白、重量更大的钻石。记住您单单用眼睛看不出不同钻石之间的差别，所以需要关心的是确定知道它的净度级别是什么而已。

钻石的净度如何分级

被用于做首饰的钻石通常是非常干净的，不用放大镜的话即便能看到什么东西也是非常细微的。随着越来越多的有明显裂痕和其他包裹体的钻石（大多净度在 I_1~I_3，有些甚至更低）进入市场，这种情况发生了改变。净度级别的差异通常单靠肉眼是看不出来的，净度级别要根据在 10 倍放大镜下看到的内容来区分。

净度的分级是基于钻石内含物或表面瑕疵的数量、大小尺寸、颜色以及位置等来判定。无瑕级的定义是钻石在 10 倍放大镜下看不到任何内部或者外表面的瑕疵，尽管在更高倍数的放大镜或者显微镜下会看到内含物，但是从分级的角度，如果 10 倍放大镜下看不到内含物，就是没有内含物，就是无瑕。

如果用一个放大镜查看钻石的净度，记住一个未受过专业培训的人只有看净度最低级别的钻石才能轻易地看出内含物和表面瑕疵，甚至拿着放大镜也看不到专业人士轻易就能看出的瑕疵。很少有业余人士能看到高级别净度钻石里面的所有东西。

如今，有的珠宝商会使用带视频显示器的显微镜来帮助消费者看清楚所挑选的钻石里面的情况。需要确保珠宝商能聚焦在钻石的不同深度，并且显微镜的放大倍数需设置在10倍（显微镜更大的放大倍数条件下因为很难在钻石内部合适地聚焦，可能会隐藏某些内部特征）。并且记住：不要对您在10倍放大镜下所看到的东西感到惊慌。

我推荐您最初先用肉眼仔细查看钻石，然后用简单的10倍放大镜来看，如果有显微镜的话，最后用它来看。用这种方法来观察钻石会帮助您熟悉所购买的钻石，获得更多的信息，让您在未来有必要的时候能把它辨认出来（比如说钻石被镶嵌完后您能看出镶上去的是不是这颗钻石）。

钻石的内部和表面特征

从根本上来说，净度分级体系是根据钻石内部和外部所具有的特征来分级，通常被称为"瑕疵"。如果瑕疵在内部则称为内含物或者包裹体，如果在外部则称为表面瑕疵。瑕疵可以是白色的、黑色的、无色的，某些稀有情况下甚至是红色或者绿色的。

内部瑕疵或包裹体

点状包裹体 这是一种很小的，通常是发白的点状（有时也会是暗色的），很难看见。有时候会有许多点状形成束状或

放大镜观察下钻石中可见的一些内部包裹体和外部瑕疵

内部包裹体

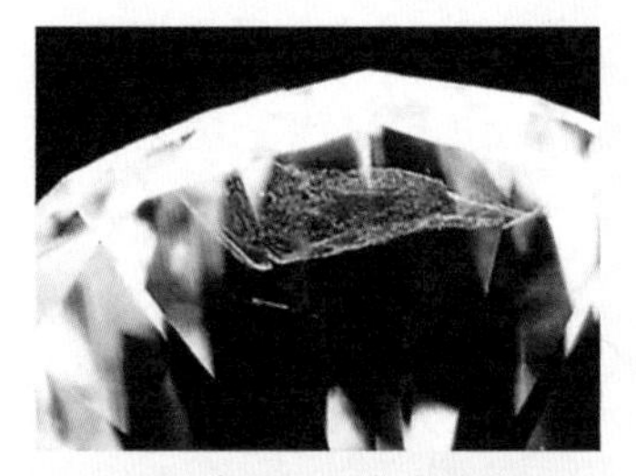

钻石中的云状包裹体

钻石里的红色石榴石晶体

反光镜包裹体
相同的包裹体出现多次反射

羽状纹

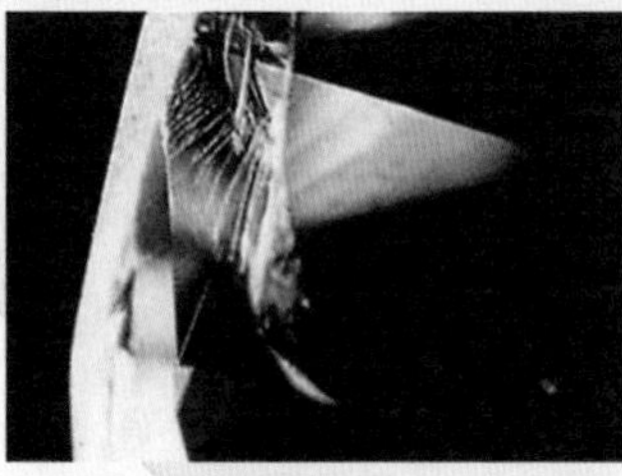

解理面

须状腰或腰棱边纹

生长纹

表面纹

激光钻孔

台面的原始晶面

激光钻孔前的包裹体

激光钻孔后的包裹体

外部瑕疵

腰棱上的原始晶面

腰棱上的破口或碎裂

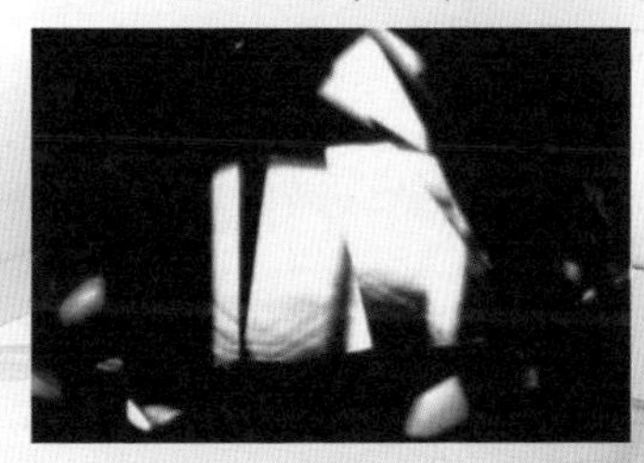

双晶

台面上的刮痕

者集群形成云状包裹体（这种包裹体单纯通过放大镜很难看清楚）。

黑斑 黑斑有可能是一种细小的晶体包裹体，或者是一种细薄扁平的包裹体，能像镜子那样反光。也有可能以一种银色或金属色反射片的形状出现。

无色的小晶体 通常是很细小的金刚石晶体，虽然有时也会是另外某种矿物的晶体。有时这些晶体非常细小，有时晶体会大到严重影响钻石的净度级别，会使得它降到 SI，甚至 I。一小团无色晶体能把钻石的净度级别从 VS 降到 I_3。

解理面 解理面是一种特殊的裂缝，它会有一个平整的平面，如果进行敲击，会导致钻石沿这里开裂，甚至完全裂开，就像被用锯平整干净地切开似的。钻石冠部有比较大的解理面是一个很严重的瑕疵。

羽状纹 羽状纹也称为裂隙，细小的羽状纹不太要紧，如果不是一直裂到钻石顶部表面，就只是很小的瑕疵。顶部较大的羽状纹则可能是严重的瑕疵。

须状腰 须状腰通常是由于钻石切磨时部分切磨师傅不小心操作所导致的。钻石的腰棱部位变得过热并导致出现一些放射状的毛发状裂隙，就像从腰棱边缘进入钻石内部的胡须。有时这些须状裂隙非常细小，就像桃子表面的绒毛，这种情况可以通过简单的重新抛光除去；有时较粗的须状腰需要重新磨腰棱才能除去。如果腰棱的须状裂隙非常小，很难看见，钻石的净度仍然可以被定级为 IF 级（内部无瑕）。

生长纹 生长纹是钻石结晶时在晶体结构上产生的生长错

位痕迹，只有慢慢地转动或者上下翻动查看才能看出。生长纹时隐时现，看起来有点稍纵即逝的感觉。生长纹常常成组出现，两条、三条、四条都有，看起来发白或者呈米黄色。如果从钻石冠部看不到或者看上去很细小，那么对钻石的净度级别就不会有不利影响；如果很明显，就会影响钻石的透明度，并影响净度级别。

原始晶面或双晶线　原始晶面或双晶线是钻石里的金刚石原石晶体内含物在切磨时为了保持重量而遗留的。有时候分级时会把它们归入表面瑕疵，因为它们是从表面凸入钻石内部，看起来就像很小的山脊，通常有着规则的几何轮廓；有时候像细小的彗星尾巴似的。它们都很难看出来。

激光痕　如今激光技术被用于把钻石内部的黑色瑕疵消除或者加工到不那么碍眼，从而提高钻石的美观度。使用激光技术，能把黑色内含物消除。然而，有经验的珠宝商或者宝石专家能用放大镜看到用激光束切入钻石的消除路径。这条激光路径看似一条细小笔直的白色线，始于钻石表面，延伸到原先有瑕疵的部位。具体内容可参见本章后面“净度改善”。

钻石的外部瑕疵

原始晶面　原始晶面是钻石原有的原石表皮在切磨时切磨工人为了保留更多的重量保存下来的，通常留在腰棱位置，因为能扩大直径。原始晶面看起来会有晶纹或者小三角形。如果原始晶面不比腰棱的正常宽度更宽或者说不会影响钻石腰棱圆周，那可能不会被当作瑕疵。原始晶面经常会被抛光成一个独特的晶面，尤其当它们没有在腰棱上鼓出来时常会这样处理。

缺口 缺口是钻石表面的一种小破损，通常在腰棱上，因佩戴过程中的意外撞击产生（尤其当腰棱在首饰边缘未包住位置容易产生）。有时缺口或者破损出现在两个小面交界的边缘，如果比较小的话，受损的部位可以重新抛磨，产生一个多出的小面，这种情况通常出现在冠部。

腰棱磨损 腰棱磨损通常可见交叉线、表面时明时暗、微小的碎片。这种情况可通过重新琢磨或抛光来解决。

撞击痕或孔洞 表面的撞击凹点或者孔洞，如果出现在台面，尤其当孔洞还不小时，会严重降低钻石的净度级别。这时只有对钻石的冠部重新进行琢磨抛光才能消除，但这会影响钻石的直径和重量。

刮痕 刮痕通常是种小瑕疵，简单的重新抛光就能消除。然而，要记住，为了重新抛光这颗钻石，您必须把它从镶嵌好的首饰上撬下来，然后在抛光完后再重新镶嵌上去。

抛光纹 许多钻石表面能看到抛光纹。如果抛光纹出现在钻石的亭部边上，那还不算太显眼，也不会明显降低价值。有些小的钻石，抛光刮痕很明显，通常是使用被磨损的抛光轮的缘故。

底尖磨损 底尖有缺口或者抛磨得粗糙，这通常是很小的瑕疵。

钻石净度级别对价值的影响

由于GIA分级体系在美国应用最为广泛，我在这里使用GIA分级体系来阐述钻石的净度对其价值的影响。如您所看到的对比图，其他分级体系使用的分级标准其实和GIA体系是类似的。如果您的钻石的分级报告是其中的一种，您可以使用这张图表来找到GIA对应的级别。

在GIA体系中，净度级别FL是定义为在10倍放大镜下看不到任何瑕疵，既看不到内部瑕疵，也看不到表面瑕疵。

只有具备很高专业资格级别的人才能看明白并确定这个级别。如果您使用放大镜看钻石的净度级别，对于没有经验的人来说想要看到瑕疵是非常困难的，而对于有经验的珠宝商或者宝石专家来说则很容易。通常初学者看不到任何瑕疵，哪怕是SI级别的钻石，他们用放大镜也看不出瑕疵来。无瑕无色、切割比例完美的钻石，尤其是1克拉以上的，非常稀有，而且价格比同样大小、其他级别的要贵很多。有些珠宝商会说现在买不到那样的东西了。

IF是定义为内部无瑕，表面仅有细微瑕疵但可以通过抛光消除的净度级别。这样的轻微瑕疵包括表面缺口、不在台面的凹点、腰棱粗糙等。这样的钻石如果是无色的并且切工比例良好，也很稀少，并且价格比起同样大小的其他级别的要贵很多。

VVS_1和VVS_2定义为内部瑕疵非常非常轻微，即便是合格的鉴定师看到瑕疵也非常非常难，这种净度级别的钻石也是很难找到的，而且价格比较贵。VS_1和VS_2定义的内部包含物非常轻微，即便是合格的鉴定师也非常难看到，具有良好颜色和切工的这种净度级别的钻石比较容易找到，除非在放大镜下，它们的瑕疵是看不出来的。这是最值得购买的钻石。

SI_1 和 SI_2 定义为合格的鉴定师在 10 倍放大镜下相对容易看到内部瑕疵。它们不像前面提到的那些高级别净度的钻石那么稀有，所以价格会相对便宜。在这个净度级别上，有时候瑕疵从背面或者侧面不用放大镜都能看得见。这个净度级别也是相当受欢迎的，由于在镶嵌后通常无法用肉眼看得出任何瑕疵，它可以让顾客花同样的预算去选择一颗颜色级别更高或者重量更大的钻石。

钻石净度级别中定义有明显瑕疵的，指的是合格的鉴定师不用放大镜就容易看到的那种。这种钻石量比较多，价格也比较便宜。这种净度级别的分级名称为 I_1、I_2、I_3（在某些分级体系里被称为 P1、P2、P3，或者 1st piqué 、2nd piqué 、3rd piqué 等）。如果这个净度级别的钻石很闪烁，火彩很强，也是挺受欢迎的。如果 I_1、I_2、I_3 这几个净度级别的钻石没有内含物的话，会比正常的钻石更容易开裂。这类钻石不应当被排除在购买的范围之外。然而对于这些有瑕疵级别的钻石，销售相对会比较缓慢。

无瑕

轻微瑕疵（SI_2）

肉眼看不出两颗钻石的净度区别，但是准确分级很重要，因为它影响价格。

当考虑一颗净度级别低的钻石时需要当心的情况

对于那些考虑 I_3 级净度的钻石的消费者，我必须提醒他们：如今有一部分 I_3 级净度的钻石实际上是工业用途的，不适合用于首饰，但有些切磨工匠也把这样的钻石毛料切磨为成品。由于没有比 I_3 更低的净度级别了，这样的钻石和其他品相好一点的（首饰级的）净度为 I_3 的钻石放在一起，并被定级为 I_3。但实际上净度级别 I_3 的钻石并非都匹配它们的定级，或者说 I_3 这个净度级别的范围比较宽泛，差别非常大，有些好的比差的贵很多。所以，请货比三家，比较不同的 I_3 级别钻石，以了解哪些是适合用于做首饰的。

净度改善

如今，科技的发展使得提高钻石的净度成为可能，其中有些是永久性的，有些则不是永久性的。

然而很遗憾，无论是珠宝商之间还是珠宝商与消费者之间交易时，钻石经过净度改善的事实常常不被告知。所以从专业知识扎实，能检测出是否受过净度改善，并且信誉良好的珠宝商那里购买钻石是很重要的。并且在购买前，您必须询问这颗钻石是否受过净度改善。如果是改善过的，询问他用的什么改善方法，并且确认改善的状态是否标注在销售清单上。再有，记得询问需不需要有什么特殊护理。

最常见的两种净度改善方法是激光处理法和裂隙充填。

激光处理法

现在的激光处理法（把钻石内部的深色包裹体“蒸发掉”）使得钻石内部的瑕疵看起来不那么明显从而改善外观。有些情况下，这些包裹体实际上真的消失了。然而，有经验的珠宝商或者宝石专家用放大镜还是能看出激光处理的痕迹。有种痕迹（用10倍的放大镜就能观察到）是像条白线一样的“路径”，从钻石的表面直达曾经有包裹体的地方。新的激光处理技术已经看不出这条路径了，但宝石专家仍然能通过其他技术探测出来。激光处理法对净度的影响是永久性的。

如果一颗由激光处理过的钻石带有业内信誉好的鉴定机构的分级报告，分级报告上明确标示了这颗钻石是激光处理过的，那么这颗钻石的价格会比一颗天然钻石便宜不少。所以当您知道它是激光处理过的，而且价格合理（通常能便宜10%~35%，取决于钻石内部有多少内含物被激光处理过），也是一个很有吸引力的选择。当然，您必须首先问清楚这颗钻石是否被激光处理过。

有些国家不要求在分级报告上标明钻石是否被激光处理过。美国联邦贸易委员会也曾暂停过，但现在还是要求分级报告上标明激光处理的事实，然而商家未必都遵守，所以购买时记住直接询问商家相关问题，最好能获得书面信息，以避免上当受骗。如果钻石未附有鉴定证书，则必须详细地询问商家相关信息，最好能找到独立的鉴定人员或者机构进行鉴定。

裂隙充填

暗视场照明条件下，钻石裂隙充填中可见“闪光效应”。

钻石中的裂隙通常是可见的，并且会降低钻石的美观度，可以通过充填无色玻璃物质进行改善。充填后，除非用放大镜观察，裂隙几乎消失并且很难看出来。裂隙充填不是永久性的处理，所以在清洗和修复镶有充填处理的钻石时要特别注意。如果保护得当，充填处理的钻石能保持漂亮外观好多年；但是不恰当的处理会导致充填物脱落或者变色，变得不好看。有些充填材料比起其他材料要稳定得多，但是目前，我们通常无法知道钻石裂隙里所充填的是什么材料。

当钻石裂隙里的充填物不小心脱落后，首饰上的钻石仍然可以再次通过充填处理恢复其漂亮外观。GIA 不会给充填处理的钻石提供分级报告，但是有些鉴定机构会出具报告，不过他们会标示这个净度级别是在充填处理后的结果。

充填处理的钻石比起天然净度级别的钻石价格要低很多，通常只需要正常价格的 40%~60%，具体取决于钻石内部有多少裂隙。在明确知道情况后，这是一种很有吸引力并且价格实惠的选择。在确定购买时直接询问这颗钻石是否有裂隙充填处理。如果这颗钻石没有鉴定机构（见附录）出具的鉴定证书，从销售清单上可以了解是否经过充填处理。

瑕疵位置对钻石净度分级及价值的影响

一般来说，钻石内部任何位置的内含物都会降低净度级别和价值，不同位置的具体影响如下：

· 如果瑕疵只能从亭部看到，或者只从亭部侧面才能看清楚，而从台面几乎看不到，这种瑕疵对钻石价值的不利影响是最低的。

· 如果瑕疵所在的位置靠近腰棱，与上面提及的那种情况相比可见一些，但仍然不容易看到，尤其从冠部往下看很难看出来，这种瑕疵在镶嵌时很容易用镶爪覆盖。

· 当瑕疵在冠部小面（不是星小面）时，除非是靠近腰棱，都是比较显眼的。

· 在星小面底下时，瑕疵更加显眼。

· 瑕疵在台面下是最不好的位置，太显眼了，无处隐藏，对亮度和火彩的影响也最大，当然这还要看钻石的尺寸和颜色。

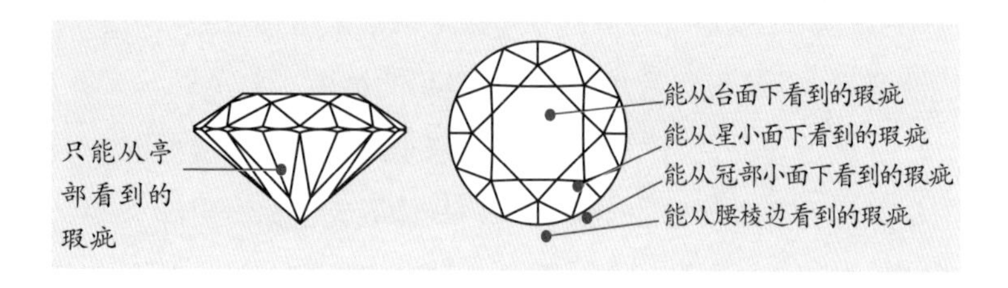

有时候，一个很小的黑色或者白色瑕疵有可能刚好位于某个位置，会在钻石内部形成反射，可以从这颗石头的反面看到

这个瑕疵的映象。如果瑕疵刚好在底部或者靠近底尖的位置，这个瑕疵有可能在底部呈现出八重自己的映象。如果在其他位置有这样的瑕疵，这种钻石只会被定级为 VS_1 或者 VS_2。如果在底部或靠近底尖位置出现瑕疵的八重映象，其净度定级会被进一步降低。记住，一颗钻石不必是完美无瑕的，也不必价值很高。就我自己而言，我宁肯要哪怕有些轻微瑕疵但是颜色和亮度很好，也不要内部无瑕但颜色和闪烁度不那么好的钻石。颜色和亮度是影响钻石吸引力最重要的两个因素。

即便净度级别为 I_3 的钻石也可以是很漂亮、闪烁的。

常用钻石净度分级系统表

目前有几个比较被公认合理的净度分级体系在全世界范围内使用，但在美国使用最广泛并且在其他国家迅速认可的是 GIA 的净度分级体系。其他被广为接受、认可的分级体系由以下组织推广：

· 美国宝石协会

· 斯堪的纳维亚钻石委员会

· 国际珠宝联盟，参与会员国包括奥地利、比利时、加拿大、丹麦、芬兰、法国、德国、英国、意大利、日本、荷兰、挪威、西班牙、瑞典、瑞士和美国等。

· 比利时高阶层钻石议会

净度和瑕疵分级的术语是可替换的，但是如今钻石净度分级的体系比以往更相通。

<table>
<tr><th>美国
宝石学院</th><th>美国
宝石协会</th><th>斯堪的纳维亚
钻石委员会</th><th>国际珠宝联盟
0.47 克拉以下</th><th>国际珠宝联盟
0.47 克拉以上</th><th>比利时
高阶层钻石议会</th></tr>
<tr><td>FL（无瑕）</td><td>0</td><td>FL</td><td rowspan="2">镜下无瑕</td><td rowspan="2">镜下无瑕</td><td rowspan="2">镜下无瑕</td></tr>
<tr><td>IF
（内部无瑕）</td><td rowspan="2">1</td><td>IF</td></tr>
<tr><td>VVS$_1$</td><td>VVS$_1$</td><td rowspan="2">VVS</td><td>VVS$_1$</td><td>VVS$_1$</td></tr>
<tr><td>VVS$_2$</td><td>2</td><td>VVS$_2$</td><td>VVS$_2$</td><td>VVS$_2$</td></tr>
<tr><td>VS$_1$</td><td>3</td><td>VS$_1$</td><td rowspan="2">VS</td><td>VS$_1$</td><td>VS$_1$</td></tr>
<tr><td>VS$_2$</td><td>4</td><td>VS$_2$</td><td>VS$_2$</td><td>VS$_2$</td></tr>
<tr><td>SI$_1$</td><td>5</td><td>SI$_1$</td><td rowspan="2">SI</td><td>SI$_1$</td><td rowspan="2">SI$_1$</td></tr>
<tr><td>SI$_2$</td><td>6</td><td>SI$_2$</td><td>SI$_2$</td></tr>
</table>

续表

美国宝石学院	美国宝石协会	斯堪的纳维亚钻石委员会	国际珠宝联盟 0.47 克拉以下	国际珠宝联盟 0.47 克拉以上	比利时高阶层钻石议会
I_1（有瑕疵）	7 8	1st Piqué	Piqué I	Piqué I	P_1
I_2	9	2nd Piqué	Piqué II	Piqué II	P_2
I_3	10	3rd Piqué	Piqué III	Piqué III	P_3

VV = 非常非常　　S = 轻微或者细小

V = 非常　　I = 内含物或者包裹体或者瑕疵

例如，VVS 可以被翻译成非常非常细小的包裹体，或者非常非常小的内含物，或者非常非常轻微的瑕疵。有些珠宝商乐于把分级描述为“非常非常细小的包裹体”，而非“非常非常轻微的瑕疵”，因为前面的这种说法对消费者来说更易于接受，但是实际上，两者陈述的事实完全没有差别。

第8章　重量

克拉是什么

钻石论克拉[carat（ct）]出售，不要和“开”[karat（kt）]混淆，后者是美国用来指代黄金纯度用的。从1913年开始，大多数国家认同1克拉等于200毫克，即$^{1}/_{5}$克。

1913年前，克拉这个单位的重量在各个国家是不一样的，通常比现在的克拉要重。当时印度的克拉和英国的克拉重量就不一样，法国的克拉和这两个国家的又不一样。如果您拥有，或者正考虑买一件很久前的钻石首饰并且销售单上标有原来的克拉重量的话，这点很重要。由于老的克拉重量通常要比1913年后统一的更重，这样，一颗老的3克拉的钻石就会比现在标准的 3 克拉钻石重不少。如今“克拉”这个术语代表公制克拉，1 克拉是 200 毫克，5 克拉是 1 克。

什么是分？珠宝商通常喜欢用“分”这个词来描述钻石的克拉重量，尤其是在钻石的重量小于 1 克拉的情况下。1 克拉有 100 分，如果某位珠宝商说一颗钻石重 75 分，意思就是它的重量是 $^{75}/_{100}$ 克拉或者说 $^{3}/_{4}$ 克拉，一颗 25 分的钻石是 $^{1}/_{4}$ 克拉，一颗 10 分的钻石是 $^{1}/_{10}$ 克拉。

克拉是一个重量单位，不是尺寸。大部分人会认为 1 克拉的石头是一个特别的尺寸，我希望强调“分”这个概念。大多数人会想当然地认为 1 克拉的钻石和 1 克拉的祖母绿，看起来是一样大小或者说有着相同的外观尺寸，然而现实并不是这么一回事。

把一颗 1 克拉的钻石和一颗 1 克拉的祖母绿以及一颗 1 克拉的红宝石放到一起比较，就很容易看出这一点。首先，祖母绿的密度比钻石要小，而红宝石的密度比钻石要大，这意味着 1 克拉的祖母绿看起来比 1 克拉的钻石要大，而这个重量的红宝石则看起来比钻石要小。祖母绿的矿物成分密度小，所以同样 1 克拉的体积相对会大，红宝石的矿物成分密度大，所以同样 1 克拉的体积相对会小。

让我们换一个视角来看这个问题，如果您把一块 1 英寸见方的松木、一块 1 英寸见方的铝块和一块 1 英寸见方的铁块放在一起比较，就能很轻易地挑出铁块是最重的，尽管它的体积和其他两块一样大。红宝石就像这个铁块那样重，而松木则像祖母绿那样轻，重量在中间的铝块就像钻石。同样体积的不同材料会有不同的重量，这取决于它们的密度。

同种材料有着相同的密度，如果体积相当的话，那么重量也基本差不多。对于钻石来说，一定的重量对应特定的尺寸，这个尺寸如我前面所谈论过的，是基于钻石有理想比例的切工。因此，要使钻石的切工比例合适，第二部分第5章图表中钻石的重量就要对应所描绘的尺寸。谨记，这个重量与尺寸对应关系对其他宝石来说是不适用的。

克拉重量对钻石价值的影响

钻石通常按每克拉报价。最稀有、品质最好的钻石每克拉的售价最高，其他质量和稀有度依次降低的钻石，每克拉的售价会逐渐下降。例如，高质量的钻石每克拉要2万美元，所以一颗这种级别1.12克拉的钻石的售价是22400美元。而一颗同等重量的钻石，如果它的品级较低，则每克拉只能卖到1万美元，那这颗钻石的售价就是11200美元。

同样，由于越大的钻石越稀有，供应量越少，所以越大的钻石每克拉价格就会越贵。例如，同样品级重 $^1/_2$ 克拉的每克拉售价会比重 $^1/_3$ 克拉的钻石每克拉售价要高；重 $^1/_4$ 克拉的每克拉售价会比重 $^1/_2$ 克拉的钻石每克拉售价要低。例如，某个特定品级只有 $^1/_2$ 克拉的钻石每克拉售价5000美元，然而这个品级只有 $^1/_3$ 克拉的钻石每克拉售价3000美元，相应地，这颗 $^1/_2$ 克拉的钻石价格是2500美元（$^1/_2 \times 5000$ 美元），这颗 $^1/_3$ 克拉的钻石价格是 1000 美元（$^1/_3$ ×3000 美元）。

另外，同样品级、重量刚好在 1 克拉的钻石售价会比重量 90~96 分的要贵。因此，如果您想买一颗特定品级的、1 克拉的钻石，但是不能接受这个价格，您也许能接受一颗这种品级的、95 分的钻石，而且这颗 95 分的钻石镶嵌完后给您的感觉和 1 克拉的钻石看起来没啥区别。

您会发现，钻石的价钱不是随重量成比例地增加，而是跳跃性地增加。品级越高的钻石，重量越大的话，每克拉的价格增长幅度越高。一颗顶级的 2 克拉的钻石价格可不仅仅是这个级别 1 克拉钻石的 2 倍，正常至少是 3 倍以上；一颗顶级的 5 克拉的钻石的价格则至少是这个级别 1 克拉钻石价格的 10 倍以上。

什么是“算下来”

术语“算下来”可能被用于对“这颗钻石有多大”这个问题的回应，但这种回应可能是误导性的。“算下来”指的是钻石看上去大概对应的尺寸，主要是腰棱直径。例如，钻石量出来的直径和钻石的重量与图表上的对应一致，那说明这颗钻石的切工比例是完美的。珠宝商也许会说，这颗钻石“算下来”大概是 1 克拉，但实际上这颗钻石重量并不一定就是 1 克拉，只是说它看起来尺寸和一颗完美切工的 1 克拉的钻石的直径是一样的，但实际上重量可能会多一些或者少一些，通常会少一些。

钻石通常在镶嵌前会被称重，您会为它的重量付款，珠宝商也能提供钻石确切的克拉重量。记住，一颗96分的高品级钻石的价格比起同品级1克拉或者稍大点的钻石要便宜许多，所以选择一颗重量“稍多一点”但是外观差别很细微的钻石是不明智的。

如您所看到的，一颗钻石的切工会影响它的外观尺寸，当购买一颗钻石时，能意识到这一点是很重要的。一颗1克拉重的钻石如果切磨得薄点就会比切得厚的看起来直径更大点；反之，切磨得比较厚的钻石直径会显得相应要小。

另外，如果一颗钻石有很厚的腰棱，它的直径就会显得小一点。如果腰棱上又磨了小面，那多半是为了隐藏腰棱太厚而导致的比例不协调和外观难看，但事实上腰棱还是那么厚，而且钻石因此显得比起这个重量但完美切工的直径要小一些。通常这样的钻石每克拉的售价会便宜一些。

不同琢形钻石的规格与重量对照表

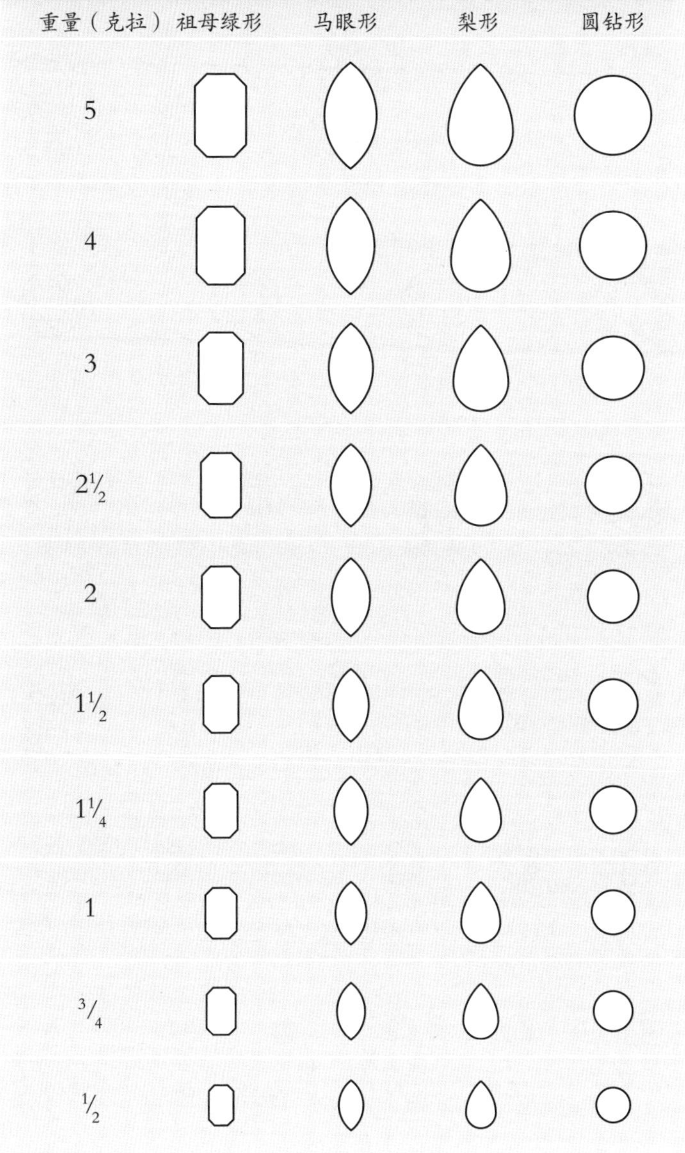

重量（克拉）	祖母绿形	马眼形	梨形	圆钻形
5				
4				
3				
$2\frac{1}{2}$				
2				
$1\frac{1}{2}$				
$1\frac{1}{4}$				
1				
$\frac{3}{4}$				
$\frac{1}{2}$				

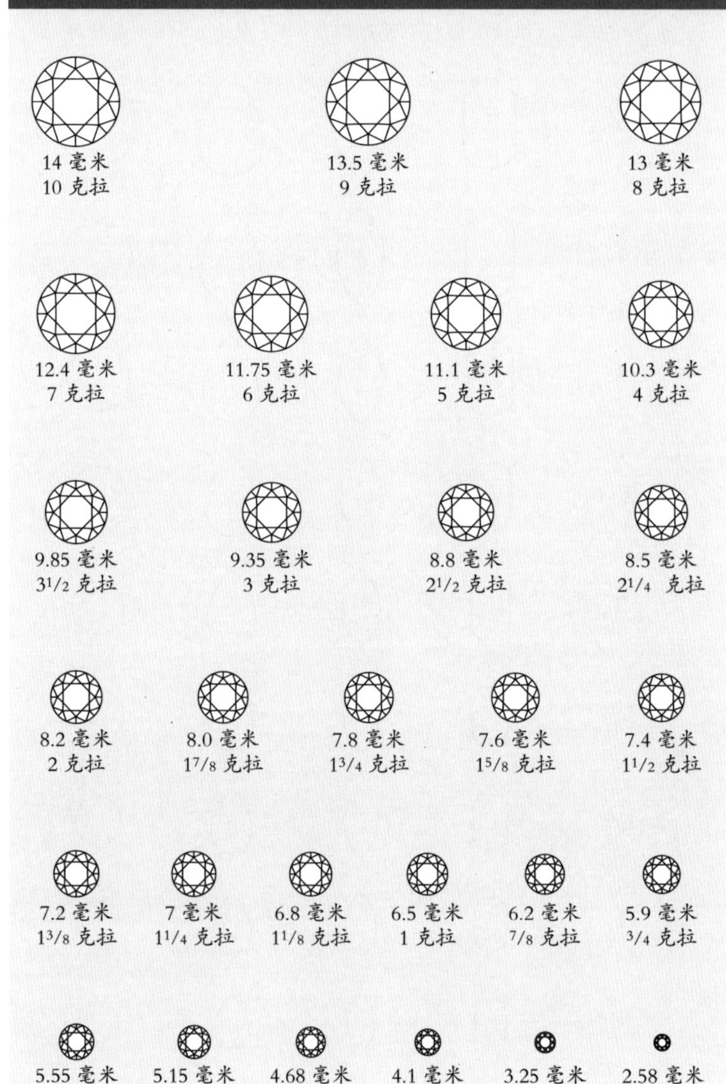
圆形明亮琢形的钻石直径与重量对照表
14 毫米
10 克拉
13.5 毫米
9 克拉
13 毫米
8 克拉
12.4 毫米
7 克拉
11.75 毫米
6 克拉
11.1 毫米
5 克拉
10.3 毫米
4 克拉
9.85 毫米
3 1/2 克拉
9.35 毫米
3 克拉
8.8 毫米
2 1/2 克拉
8.5 毫米
2 1/4 克拉
8.2 毫米
2 克拉
8.0 毫米
1 7/8 克拉
7.8 毫米
1 3/4 克拉
7.6 毫米
1 5/8 克拉
7.4 毫米
1 1/2 克拉
7.2 毫米
1 3/8 克拉
7 毫米
1 1/4 克拉
6.8 毫米
1 1/8 克拉
6.5 毫米
1 克拉
6.2 毫米
7/8 克拉
5.9 毫米
3/4 克拉
5.55 毫米
5/8 克拉
5.15 毫米
1/2 克拉
4.68 毫米
3/8 克拉
4.1 毫米
1/4 克拉
3.25 毫米
1/8 克拉
2.58 毫米
1/16 克拉

第 9 章　如何看懂钻石分级报告

如今，很少有超过 1 克拉的优质钻石在销售时未配有权威实验室出具的钻石分级报告（或者证书）。由 GIA 出具的报告在美国及世界众多国家中应用最为广泛。但是来自其他实验室的报告（见附录）也受到高度重视。接下来我们将要探讨在 D~Z 范围内的钻石报告。彩色钻石报告将会在第二部分第 12 章另作讨论。

一份分级报告不仅证明了宝石的真实性，它还对影响宝石的质量、美观以及价值的各项至关重要因素进行充分描述，这使得分级报告非常有实用价值。它所包含的信息可以（使我们）对销售者提供的“事实”进行确认，并且使个人在购买钻石时做出更稳妥的决定。报告的另一个重要作用是在未来的某一时刻确认特定钻石的身份，例如，它在任何原因下不再为某人所有。出于保险的目的，报告中所提供的信息将会帮助确认对丢失或者被盗的钻石进行替换，而替换的钻石与原钻石有着“可比拟的质量”。

报告并非对每颗钻石都是必要的，许多应用于首饰中的美丽钻石在销售时并未配有证书。但是在考虑购买一颗 1 克拉或者以上的优质钻石时，我强烈建议应该配有由附录中列示的实验室所出具的鉴定报告，即便这意味着要将宝石从底座中移出来（没有声誉良好的实验室会对镶嵌钻石出具完整的分级报告），之后再重新镶嵌。如果您正在考虑一颗没有报告的宝石，很容易从您的珠宝商或者鉴定师处获得一份报告。

如果能对这些报告恰当解读，甚至那些不具备专业素养的人也能在几颗宝石之间做出有效的比较，并做出更全面的购买决策。关键就在于如何正确地阅读报告。

不要仅仅依靠报告

报告是帮助您理解影响稀有性和价格差异的重要工具。但是我必须提醒的是，不要让它们干扰到您所喜爱的或是真正想要的。记住，一些钻石可以非常美丽，即便它并不符合已建立的标准。在最终的分析判断时，用自己的双眼去看，自问究竟有多喜欢这颗宝石。

我曾有一位顾客试图在几颗宝石中进行选择。她的丈夫希望给她买有“最好”的报告的那颗，而她更喜欢就报告上所表明的内容来看并不够“好”的那颗。他们决定放弃“最好”的那颗而选择购买最能使她快乐的那颗。最重要的事情是他们明确地知道他们在买什么，并且对于特定的质量因素组合付出合适的价格。换句话说，他们做出了“知情选择”。报告给予了他们对于事实的保证以及更强的信心，使其了解自己真正比较的是什么。

不恰当地使用报告会导致代价高昂的错误

与钻石分级报告一样重要的是，如果报告被误用，便会得出错误的结论并犯下代价高昂的错误。能够依赖钻石报告并且对于自己的决定充满信心的关键在于，了解如何恰当地阅读。

当买家试着在两颗附有钻石分级证书的钻石之间进行选择时，他们做决定总是通过比较报告上评估的两个因素——颜色和净度，然后认为他们做出了一个合理的决定。这样就能碰对了的情况很少会出现。没有人可以仅仅基于颜色和净度做出合理的决定。事实上，当两颗有着相同颜色和净度的钻石之间存在明显的价格差异时，您会发现，通常情况下价格低的那颗钻石质量并不是同样的，不然它应该会有更好的价格。

颜色和净度仅仅提供了整个钻石描述中的一部分，而价格上的差异则代表着您所未见的或是不懂的质量上的差别。对于圆钻形钻石，您所需要的所有信息都在报告上，但是在您可以做出有效对比前，您需要理解这些信息都是什么含义。

如果能恰当地解读，钻石分级报告能够给予您更完整的描述，使您做出更好的比较，并且判定哪个的价值更高。阅读报告最初可能看起来复杂，但如果您花时间去学，向知识丰富的珠宝商寻求帮助，您会惊讶地发现每颗钻石变得多么有趣和独特！

然而在开始前，我必须提醒一句，**在没有确认报告与钻石相对应时，不要单单看了分级报告就进行购买**。先找一位专业的宝石学家、宝石鉴定师，或者宝石鉴定实验室，确认附加报告的宝石事实上就是所描述的那颗。据我了解，有报告意外地错误配给了其他的宝石，有的纯粹就是刻意的欺骗。

我想强调的是，有越来越多伪造的 GIA 证书正在使用，在全世界的钻石批发交易区以及互联网销售的钻石中都有它们的身影。真正的 GIA 报告包含了如全息照相、安全条纹码、缩影线及其他组合防伪特征，通过这些可以鉴别报告是合法的还是伪造的。通过拨打位于美国加利福尼亚州卡尔斯巴德（Carlsbad, California）的 GIA 实验室电话（760）603-4500，您可以核实 GIA 钻石分级报告的真实性，以及报告最初出具时所提供信息的有效性。

激光刻印和离子束技术

如今，一些实验室通常将出具报告的数字编码激光刻印在钻石的腰棱上，这在一定程度上确保了宝石和报告的匹配。如果您希望将报告的编码刻印在腰围上，珠宝商或者珠宝鉴定师可以通过某一实验室进行安排，并收取象征性的费用。欧洲宝石实验室以及美国宝石学院是提供这方面激光打标服务的机构。除了激光外，一些实验室提供了一种用离子束技术标记钻石的服务，这种创新的方法是无损的。

这种新技术也可以应用于商标标记，这种标记只有使用特殊的观察器才可见，因此使得伪造名牌钻石更加困难。由于方法本身的原因，伪造和消灭此类标记变得更加困难，所以这种技术最终可能会取代激光刻印。

如何解读钻石分级报告

检查出具日期　检查报告上的日期十分重要，很有可能在报告出具后宝石已经受损。这有时发生在拍卖中销售的钻石上，因为佩戴钻石可能会导致其出现缺口或者破裂，因此人们必须经常检查。例如，您可能看到一颗钻石配有的报告中描述它是 D 色，无瑕。如果这颗钻石在报告出具后出现了严重缺口，那么净度级别可能很容易降到 VVS，甚至在某些情况下更低。无须讨论，在这种情况下，价格会大幅度降低。

是谁出具的报告　检查出具报告的实验室的名称。报告是来自知名且权威的实验室吗？如果不是，那么报告上的信息可能不可信。在美国，权威的出具钻石报告的实验室包括美国宝石学院、美国宝石实验室、美国宝石协会、专业宝石科学实验室和宝石鉴定与保障实验室等。权威的出具钻石报告的欧洲实验室包括比利时高阶层钻石议会、瑞士古柏林宝石实验室，以及瑞士珠宝研究院等。参见附录中对这些及其他实验室的额外介绍。

不论您阅读的是哪家机构提供的报告（见本章后面报告样例），报告中都提供相似的信息，包括：

· **宝石的身份**　这是为了确保所鉴定的宝石是一颗钻石。一些钻石报告并未对身份做出特别说明，因为它们就叫作钻石分级报告，并且只对真正的钻石出具。如果报告不叫作“钻石分级报告”，那么必须有一个声明证明所描述的宝石是真正的钻石。

· **重量**　必须给出精确的克拉重量。

· **尺寸**　任何钻石，任何形状，都应该进行测量，记录尺寸可以作为鉴别的一种方式，尤其是为了保险或者鉴别的目的。钻石报告中给出的尺寸非常精确，它所提供的信息非常重要，具体原因如下：

第一，尺寸可以帮助您确定被检测的钻石与报告中所描述的钻石事实上是同一颗，因为两颗钻石有着完全相同的克拉重量和相同的毫米尺寸的可能性是极小的。

第二，如果钻石在报告出具后受到损伤并进行重新切割，那么毫米尺寸会提供有些部分已经发生改变的线索，这同时也会影响克拉重量。您和您的珠宝商通过测量得到的尺寸与报告上给出的尺寸之间任何不相符，都是应该对宝石进行仔细检查的提示。

第三，报告中的尺寸也会告诉您钻石是圆形还是非圆形。非圆形钻石的销售价格要比完美的圆形的钻石价格低。圆形的钻石会在下面进行更详细的介绍。

·钻石的比例、抛光、腰棱厚度、底面、颜色和净度 这些在接下来的章节中会分别单独介绍。

圆形明亮琢形的钻石是否“圆度很好”

对于圆形钻石，它的圆度会影响价值，因此在测量宝石的直径时应非常谨慎，要测量圆周的几个点。对于一颗圆形钻石，报告通常会给出两个直径，用毫米测量并且精确到百分位。例如，6.51 毫米而非 6.5 毫米；或者 6.07 毫米而非 6.0 毫米，等等。这些表明最大或最小的直径。钻石很少有完美的圆形，这就是钻石报告会给出两个测量结果的原因。认识到完全圆形钻石的罕见，些许的偏差是允许的。并且钻石不会被认为是“非圆形的”，除非它的偏差超过了常规标准，对于 1 克拉的钻石，允许偏差大约 0.1 毫米。随着尺寸增加，允许值也随之增加。

受圆度偏差的影响，价格可能会有 10%~15% 的浮动，如果钻石明显呈非圆形，那么价格受到的影响会更大。偏差越大，价格越低。

钻石圆度偏差可接受范围表

重量（克拉）	直径（毫米）	可接受偏差（毫米）
1	6.50	0.10
2	8.20	0.12
3	9.35	0.14
4	10.30	0.16
5	11.10	0.17
10	14.00	0.20

注：若要在某颗其他重量的钻石上测量其可接受偏差，可选取钻石的直径的最大值与最小值的平均值，乘以0.0154，例如，如果直径的最大值为8.31，最小值为8.20，那么直径的平均值为8.25，8.25×0.0154=0.127，这颗钻石的可接受圆度偏差值为0.12~0.13毫米，这颗钻石的实际偏差度为0.11毫米，（8.31−8.20=0.11），在可接受范围内，所以这颗钻石可被认定为“圆钻”。重量超过2克拉的钻石允许其圆度有一定的弹性范围。

异形的偏差

对于异形钻石，尽管其偏差并不像对圆形钻石那么重要，但是对于异形钻石有着常规的长宽比，偏差会导致价值减少15%甚至更多。以下反映的是可接受的范围：

梨形　　1.50 ：1 到 1.75 ：1

马眼形　　1.75 ：1 到 2.25 ：1

祖母绿形　　1.30 ：1 到 1.50 ：1

椭圆形　　1.35 ：1 到 1.70 ：1

为了更好地理解这是什么意思，我们以梨形钻石为例。如果它的报告中显示长度是15毫米，宽度是10毫米，那么长宽比就是15

比 10，或者 1.50：1，这是可以接受的。然而如果偏差是 30 毫米长对应 10 毫米宽，那么比例就是 30 比 10，或者 3：1，这是不可接受的。这个比例太大，结果使得宝石相对于它的宽度来说太长了。一颗长宽比不可接受的梨形钻石至少会比其他梨形钻石的售价低 10%。

小贴士：长梨形并不一定不好，一些人更喜欢长条形，但很重要的是要知道这样的宝石要比通常长度的宝石售价更低。记住异形切工的长宽比，对于不在“可接受范围”内的宝石要调整其价格。

从报告中评价切工

正如先前探讨的一样，好的切工对于展示钻石的美是必不可少的。不管什么形状的宝石，切磨师都能运用技巧使它的亮度和火彩释放出来。切工还对价格有显著的影响：一颗有着极好切工的钻石和一颗切工并不太好的钻石，其价格差异可达 40%，在某些情况下，甚至更多。

切工既然如此重要，钻石分级报告会包含与之相关的内容，但是以前的报告很少直接提供简单易懂的切工等级信息；相反地，大多数报告提供的信息是专业人士容易理解和使用的，通过他们经过训练的眼睛去评估切工以及判断宝石整体的外观。这些与切工相关的信息包含许多重要的细节，例如，全深比、台宽比、腰部厚度、亭部角度等。这些细节将会在本章一一讨论，以便于帮助您理解报告中给出的并不包括切工等级的信息。

如今，除了上述提到的信息外，越来越多的实验室，包括GIA，能在出具的钻石分级报告中提供切工等级的信息。我会在下面探讨 GIA 的切工等级。

理解 GIA 钻石报告中的切工等级

如今 GIA 对于所有颜色范围在 D 到 G 级，净度范围在 FL 到 I_3 的标准圆明亮琢形切工的钻石（有 58 个刻面），在分级报告（大证书）和小证书中都提供了切工分级。目前，GIA 已经给出异形钻石或彩色钻石的切工等级评价。

为了描述所有质量的切工，GIA 的切工等级体系分为五个等级。

GIA 切工等级
极好（Excellent）
很好（Very Good）
好（Good）
一般（Fair）
差（Poor）

此外，目前 GIA 的报告包括了更详细的钻石图表，除了包括以前出具报告的特定钻石的实际比例外，还展示了深度比、台宽比、冠部和亭部角度、重要刻面的长度、腰部厚度，以及底面尺寸。

为了弄清楚钻石切工好不好，非专业人士并不需要理解所有的东西，但依然需要在可能的情况下全方位地对宝石进行观察比较，其必要性我们已经在第二部分第 5 章说明。对于新的 GIA 体系，两颗有着相同切工等级的宝石可以有非常不同的特性。

GIA 体系包含了多种台面比和深度比的组合，对于任何一个等级，都要比之前宝石业界所接受的更细致。GIA 在多年的研究以及测量钻石内光线运动轨迹的技术应用后，发现先前建立起来的标准并非总能准确地评估切工的质量，或者切工对钻石美观的影响。因此，GIA 体系被设计用来吸收新的发现，这使得个人偏好的差异能够得到包容。例如，在有着“极好”等级的钻石中，有些亮度更高，而其他的可能火彩更强；有些钻石当您仔细观察时可能会发现它有着更强烈的对比，而其他的则没有如此强烈的对比；等等。

总而言之，钻石分级报告中的切工等级可能会消除您判断钻石切工好不好的疑虑，并且在考虑它的价值时有了更好的保证。但是随着如今新技术的应用以及新的切工参数范围的界定，越来越多的人认为，直接观察钻石以便确定它的特征是不是您最喜欢的才最重要。

理解“深度比”和“台宽比”

大多数欧洲宝石实验室的报告并不标明切工等级，并且在 2006 年前多数的报告也不包括切工等级。由于缺少切工等级，您需要知道如何自己评估切工以及比例。接下来提供的信息是为了帮助您理解怎么做。在此强调，这只能应用于圆明亮琢形的钻石（有 58 个刻面）。

对于圆钻形钻石，比例对于光线的变化，也就是说，对于宝石的整体美观有着重要的影响（不幸的是没有通用的为人接受的异形切工的参数，您需要依靠双眼选择级别更好的）。理解比例的关键就在于“深度比”和“台宽比”。但要记住：最近的研究发现，除了钻石的比例外，还有其他的切工细节，例如特定刻面的长度、冠部和亭部角度等，这些都会影响钻石的美观。在新研究发现的指引下，避免单纯依照报告给出的数字进行选择，而是要学习用您的眼睛并结合个人喜好去选择。

为了确认一颗圆钻形钻石的比例好不好，看报告上描述“深度比”和“台宽比”的部分。深度比代表钻石的深度（从台面到底面的距离）相较于钻石宽度的百分比。台宽比代表台面的宽度相较于整颗钻石宽度的百分比。这些数字很好地指示了圆钻形钻石就其比例而言切工如何，但是也有例外。您的眼睛可能看到闪耀和亮度的差异，但是您无法察觉比例上的微妙变化。报告上的比例参数应该在某个确定的范围内，以便于判断钻石的切工等级是可接受、极好或者是差。

我不想讨论如何去测量这些比例，但对您来说，知道这些比例的范围是多少这点很重要，正如下面“深度比参考”列示的。一些报告中还提供了冠部和亭部角度的信息。冠部角度更重要。它告诉您冠部比例切磨的角度。这个角度会影响深度和台面比例。通常，如果冠部角度在 34° ~ 36° ，台面和深度是极好的；

在 32° ～ 34° ，好；在 30° ～ 32° ，一般；小于 30°，差。如果没有给出确定的冠部角度，那么就可能认为可接受。如果不是，通常会有声明表明冠部角度超过了 36° 或者小于 30° 。但是再次强调，用您的眼睛确定是不是喜欢您所见的。我就曾经见过即便角度并非标准依然非常美丽的钻石。

深度比

深度比在 58%~64% 的圆钻形钻石常规情况下是生动、迷人的。然而您应该记住，腰棱厚度会影响深度比例。偏大的深度比例可能是腰棱偏厚或者非常厚所导致的，所以当您检查钻石报告上的深度比时，也要检查一下腰棱信息。

深度比超过 64% 或者低于 57% 的钻石通常太深或者太浅，以至于不能展现出最大程度的美，而且售价会更低。如果深度比太高，钻石会比它实际重量看起来要轻。如果深度比极高，亮度会明显降低并且产生暗域中心。如果深度比太低，亮度也会明显受到影响。我曾见过一颗钻石太浅——钻石的深度比太低——完全没有亮度也不生动。脏了时这样的宝石看起来还不如玻璃。我不会选深度比超过 64% 或者低于 57% 的宝石，如果您被这样的宝石吸引，记得它们每克拉的售价应该低得多。

深度比对价格影响参考 *	
深度比	对价格的影响
完美 †（Excellent†）——58%~60%	升价 20%~30%
非常好 †（Very Good†）——60%~62%	升价 10%~20%
好 †（Good†）——62%~64%	—
一般 †（Fair†）——64%~66%	降价 15%~25%
差 †（Poor†）——超过 66% 或者低于 57%	降价 20%~40%

* 符号表明对圆钻形钻石来说，该参考需结合台宽比及其他切工参数使用。
† 加此符号表示不要和 GIA 切工分级术语混淆。

台宽比

台宽比在 53%~64% 的圆钻形钻石通常是美丽且生动的。小台面的钻石通常比大台面的钻石能展现出更多的火彩，但是大台面会展现出更高的亮度。正如您所见，台面宽度影响宝石的特性，但是认为哪种特性更令人满意就是个人品味的事情了。

台宽比对价格影响参考 *	
台宽比	对价格的影响
完美 †（Excellent†）——53%~58%	升价 20%~30%
非常好 †（Very Good†）——超过 60% （重量低于 0.5 克拉的钻石为超过 62%）	升价 10%~20%
好 †（Good†）—— 64%	—
一般 †（Fair†）——64%~70%	降价 15%~30%
差 †（Poor†）——超过 70%	降价 30%~40%

* 符号表明对圆钻形钻石来说，该参考需结合深度比及其他切工参数使用。
† 加此符号表示不要和 GIA 切工分级术语混淆。

修饰度

在钻石报告关于修饰度的下面您会找到钻石抛光和对称性的评价。抛光是作为切磨师细心程度的指示。有如成本和价值，抛光的质量也是评价钻石整体质量不可忽视的因素。就像一双好皮鞋，抛光越好，表面越亮！

抛光在报告中会描述为极好、非常好、好、一般、差。抛光一般或者差的钻石每克拉的价格应该偏低。抛光质量非常好或者极好的钻石每克拉的价格通常偏高。

对称性描述了几个因素，包括：

（1）刻面边缘与另一个刻面的边缘如何排列。

（2）一侧的刻面与相对一侧的刻面的匹配度。

（3）钻石冠部的刻面与亭部对应的刻面是不是恰当地排列。

如果对称性被描述为“一般”或者“差”，通常有些部分是磨过线了。

在评价对称性时，需要检查的最重要的区域是冠部与亭部的排列情况。如果不好，会明显影响钻石的美观程度，并

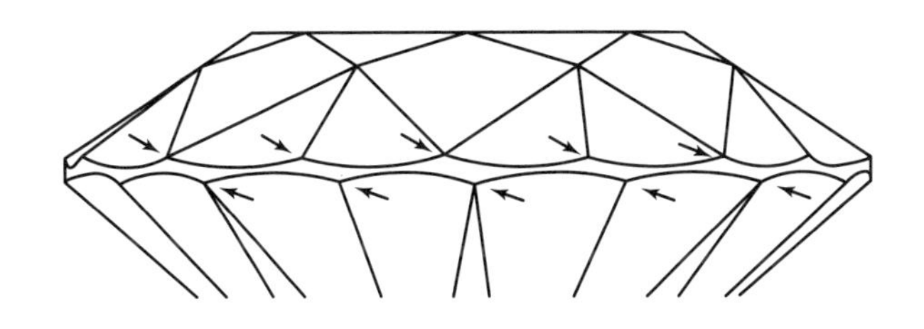

冠部和亭部相应的面未对准

相应地影响价格。为了检查排列情况是否合理，需要从一侧到另一侧去看宝石腰部以上的刻面是不是与腰部以下的刻面连成一线。

当顶部和底部的对应切面不在同一线上时，这表明切工比较粗糙，而且更重要的是会影响钻石整体的美感。这将降低钻石的价值，而不仅仅是对称性的瑕疵。

腰部如何影响价值

腰棱是钻石分级报告中的另一个重要指标。报告会指出腰棱是否被抛光或者磨成刻面，有多厚（2006 年前，GIA 的钻石分级报告在其左侧提供这些信息；在新的钻石分级报告中，这些信息会以图表的形式出现在报告下部的中央）。腰棱厚度十分重要，原因是：（1）它会影响价值；（2）它会影响钻石的耐久性。

腰棱厚度的变化范围从极薄到极厚都有。腰部极薄或极厚的钻石的售价低于其他钻石。极薄的腰部会增加破碎的风险。尽管钻石的硬度很高，要记住它是脆性的，极薄的边缘会带来很大的风险。

如果一颗钻石的腰棱极厚，它的价格也会有所降低。因为同等重量下，腰棱厚的钻石看起来要小一些。这是因为腰棱厚所占的重量大（详见第二部分第 8 章）。

在某些情况下会需要厚腰棱。比如梨形、心形或马眼形这些有一个或多个尖端的琢形，在尖端区域的腰棱可以很厚，这样也在可接受范围内。这些腰棱部位额外的厚度能保护这些尖端免于破损。

腰棱的厚度会影响钻石的耐久性，GIA 将它视为影响钻石整体切割等级的因素。

底面

钻石的底面看起来像一个尖端，然而它通常是另一个切面，一个微小的、平坦的、抛光的平面。这个切面越小越好。如果底部的切面很小，从钻石顶部来看就不明显。实际上，如今的一些钻石的底部是尖的，这意味着没有底面。钻石底面越大，从顶部看过去越明显，钻石的售价也越低。被描述为底部大或“开型”的钻石，例如旧式欧洲或者旧式老矿琢形的钻石（详见第二部分第 5 章），是不那么受欢迎的。因为底面的存在会降低钻石最中央的闪烁度和亮度。同样，有缺口的或损坏的底部会大大降低钻石的美感和价格。

颜色和净度等级

钻石报告中的颜色和净度等级，我在第 6 章和第 7 章中已有详细的讲述。它们是决定钻石价值的重要因素，但正像之前描述的那样，它们并不能说明全部。

钻石报告会给出裂隙的位置、数量、类型和颜色［在美国宝石学院的报告中标注为“重要特征”（key to symbols）]，同时可能会给出展示所有细节的素描图。除了最终的定级外，您要确保记录了全部细节。记住，瑕疵的位置会影响价值（详见第二部分第 7 章）。您应该格外注意这些“重要特征”。这些“重要特征”会指出钻石是否经过激光处理。如果是，这意味着透明度等级的标注是在激光处理后进行的。相比其他同等透明度等级的钻石，它的价格会降低 15%~20%。对于裂隙充填的钻石，是无法给出一个可靠的定级报告的，因此大多数实验室不会为通过这种方式改善净度的钻石定级，但会标注钻石经过裂隙充填。有一些实验室对这些钻石的透明度等级评定为“合格”（qualified），这表明这些钻石是裂隙充填处理过的，并且无法精确地评定透明度等级。

关于荧光的词语

钻石报告中也会指出荧光这一项（详见第二部分第 6 章）。荧光被定级为微弱、弱、中等、强或很强。一些报告中会指出荧光的颜色（蓝、黄、白等）。如果荧光强度在中等和很强之间而且没有标注荧光颜色，这时您应该询问珠宝商。一颗有很强黄色荧光的钻石应低价出售。因为白天在户外佩戴或距离荧光灯几英寸时，钻石像带颜色一样。然而蓝色荧光不会使钻石贬值，甚至在一些情况下使钻石更昂贵。因为白天在户外佩戴或距离荧光几英寸时，它会显得更白。然而，如果报告中指出蓝色荧光很强，您应该在日光或荧光下观察钻石是否会有油油的或者蒙蒙的外观，如果出现这种情况了，则价格会降低，如果没出现，则不会影响价格。

注意“备注”（comments）部分

在 GIA 和大多数主要实验室发布的钻石分级报告中，会提供一项备注。这里任何备注都很重要，同时您要明白这些备注意味着什么。在这里您将发现有关钻石特征的备注，比如是否存在“生长纹”（graining）。生长纹可能不会影响钻石的外观或价值，但有时会降低钻石的亮度，所以您应该仔细地观察以确保它不会影响钻石的美感。这里也有关于冠部和亭部角度的特殊标注，它们表示钻石上下部分被切磨部位的角度与规范角度间的大小关系。同样的您必须仔细观察钻石，以确保它们的美感没有因切割失误受到影响。最后一点（但并不是最不重要的一点），这里有关于所有处理的标注，比如净度改善或用来改善钻石颜色的新型高温高压处理；如果某个宝石实验室提供的钻石分级报告认为钻石用某些方式处理过，会在“备注”部分里标注这些改善方式的类型。

关于钻石分级报告的结语

钻石分级报告是一种帮助比较钻石好坏和评估钻石质量价值的有效手段。但关键还是要理解并读懂它。

如今钻石和钻石首饰配有新的钻石报告（鉴定证书），这些报告并不像主要实验室发布的“钻石分级报告”那样内容丰富。通常也没有净度标注，它们对钻石的描述和鉴定更简洁易懂，本着实用的目的同时帮助零售商在销售时给顾客提供更好的钻石质量保证，而且相比于完整的报告价格更合理。对于那些小的或镶嵌在首饰中的钻石，这种鉴定证书更实用。在新的报告中您会看到 GIA 对重量为 0.18~0.99 克拉的钻石发布的钻石小证书（Diamond Dossier®），以及欧洲宝石实验室的“宝石护照”（Gem Passport）。欧洲宝石实验室还可以为已镶嵌的钻石出具鉴定证书（当把钻石从镶嵌位取出不实际时，这是很有必要的）。

对于大于 1 克拉的质量优良的钻石，我强烈推荐在有声望的宝石测试实验室做一份完整的钻石分级报告（详见附录）。尽管这意味着要把钻石从镶嵌位取出。

花些时间来学习理解报告中全部信息的含义，以及类型和质量之间信息的区别。只有这样做，您才能明白您买的是什么，并做出聪明的选择。

接下来的几页是有声望的宝石实验室发布的钻石报告。

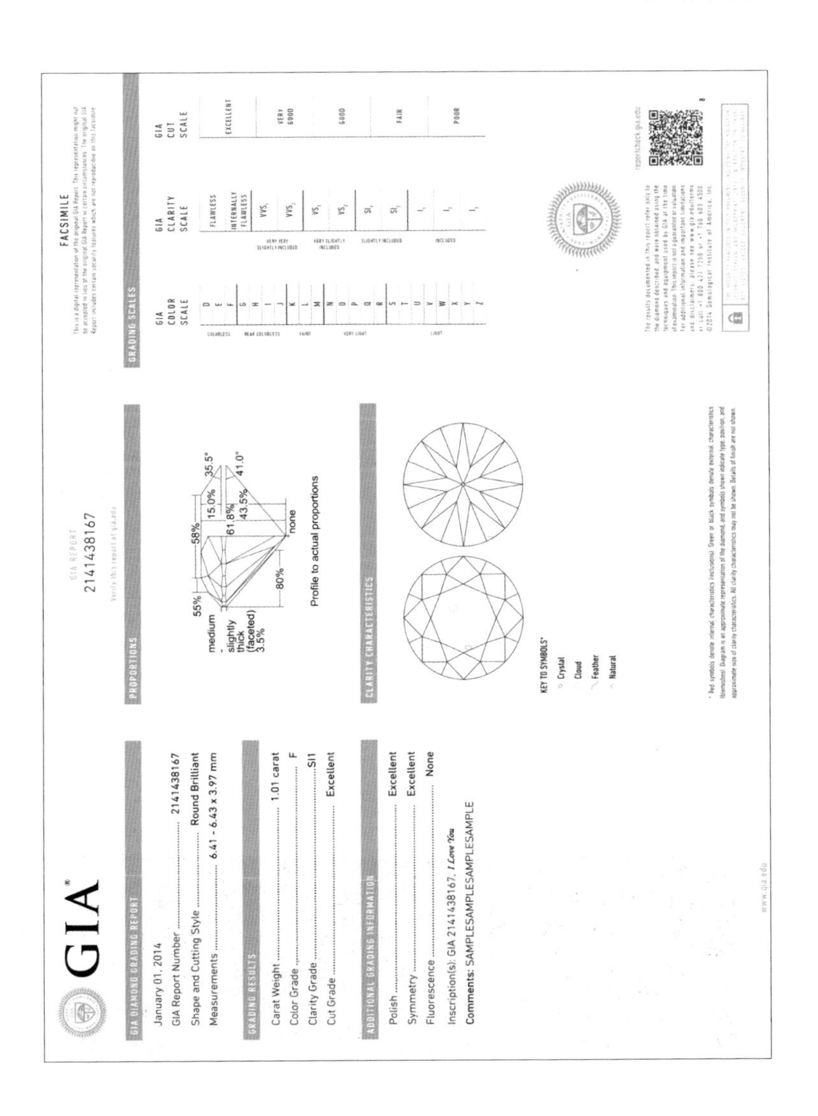

GIA®

GIA DIAMOND GRADING REPORT

January 01, 2014

GIA Report Number 2141438167

Shape and Cutting Style .... Round Brilliant

Measurements .... 6.41 - 6.43 x 3.97 mm

GRADING RESULTS

Carat Weight .... 1.01 carat

Color Grade .... F

Clarity Grade SI1

Cut Grade .... Excellent

ADDITIONAL GRADING INFORMATION

Polish .... Excellent

Symmetry .... Excellent

Fluorescence .... None

Inscription(s): GIA 2141438167, *I Love You*

Comments: SAMPLESAMPLESAMPLESAMPLE

GIA REPORT

2141438167

Verify this report at gia.edu

PROPORTIONS

55% 58% 15.0% 35.5° 61.8% 43.5% 41.0° 80% none

medium - slightly thick (faceted) 3.5%

Profile to actual proportions

CLARITY CHARACTERISTICS

KEY TO SYMBOLS*

Crystal

Cloud

Feather

Natural

FACSIMILE

GRADING SCALES

GIA COLOR SCALE: D E F G H I J K L M N O P Q R S T U V W X Y Z

COLORLESS / NEAR COLORLESS / FAINT / VERY LIGHT / LIGHT

GIA CLARITY SCALE: FLAWLESS / INTERNALLY FLAWLESS / VVS1 VVS2 / VS1 VS2 / SI1 SI2 / I1 I2 I3

VERY VERY SLIGHTLY INCLUDED / VERY SLIGHTLY INCLUDED / SLIGHTLY INCLUDED / INCLUDED

GIA CUT SCALE: EXCELLENT / VERY GOOD / GOOD / FAIR / POOR

reportcheck.gia.edu

©2014 Gemological Institute of America, Inc.

www.gia.edu

新的 GIA 钻石分级报告（大证书）给出了切工等级以及钻石的“轮廓图”。美国宝石学院还会在“备注”部分加上鉴定者的个人签名。

信息来源：美国宝石学院。本文经许可转载。

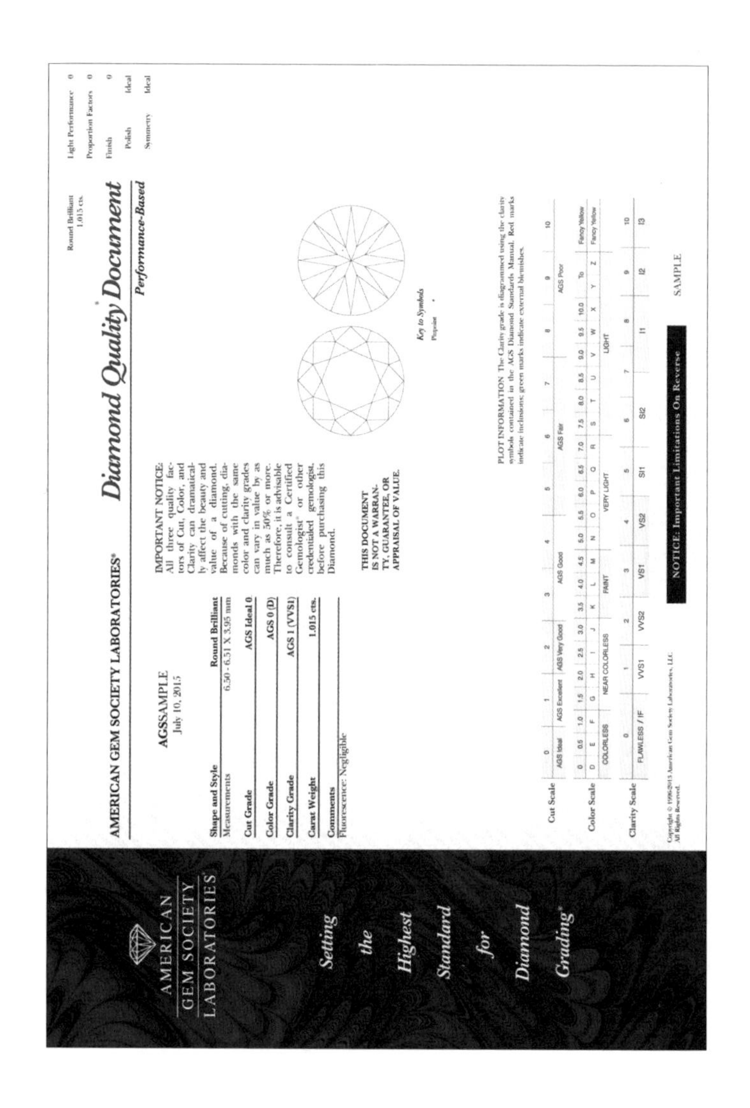
AMERICAN GEM SOCIETY LABORATORIES

Setting the Highest Standard for Diamond Grading®

AMERICAN GEM SOCIETY LABORATORIES®

Diamond Quality® Document

Performance-Based

Round Brilliant
1.015 cts.

Light Performance 0
Proportion Factors 0
Finish 0
Polish Ideal
Symmetry Ideal

AGSSAMPLE
July 10, 2015

Shape and Style	Round Brilliant
Measurements	6.50 - 6.51 X 3.95 mm
Cut Grade	AGS Ideal 0
Color Grade	AGS 0 (D)
Clarity Grade	AGS 1 (VVS1)
Carat Weight	1.015 cts.

Comments
Fluorescence: Negligible

IMPORTANT NOTICE: All three quality factors of Cut, Color, and Clarity can dramatically affect the beauty and value of a diamond. Because of cutting, diamonds with the same color and clarity grades can vary in value by as much as 50% or more. Therefore, it is advisable to consult a Certified Gemologist® or other credentialed gemologist, before purchasing this Diamond.

THIS DOCUMENT IS NOT A WARRANTY, GUARANTEE, OR APPRAISAL OF VALUE.

Key to Symbols
Pinpoint •

PLOT INFORMATION The Clarity grade is diagrammed using the clarity symbols contained in the AGS Diamond Standards Manual. Red marks indicate inclusions; green marks indicate external blemishes.

Cut Scale: 0 AGS Ideal | 1 AGS Excellent | 2 AGS Very Good | 3–4 AGS Good | 5–7 AGS Fair | 8–10 AGS Poor

Color Scale: 0 D | 0.5 E | 1.0 F | 1.5 G | 2.0 H | 2.5 I | 3.0 J | 3.5 K | 4.0 L | 4.5 M | 5.0 N | 5.5 O | 6.0 P | 6.5 Q | 7.0 R | 7.5 S | 8.0 T | 8.5 U | 9.0 V | 9.5 W | 10.0 X | To Y Z | Fancy Yellow
COLORLESS | NEAR COLORLESS | FAINT | VERY LIGHT | LIGHT

Clarity Scale: 0 FLAWLESS / IF | 1 VVS1 | 2 VVS2 | 3 VS1 | 4 VS2 | 5 SI1 | 6–7 SI2 | 8 I1 | 9 I2 | 10 I3

NOTICE: Important Limitations On Reverse

SAMPLE

美国宝石协会的钻石分级报告提供了切工等级，标注了用来指示切工质量的数值范围。

信息来源：美国宝石协会。

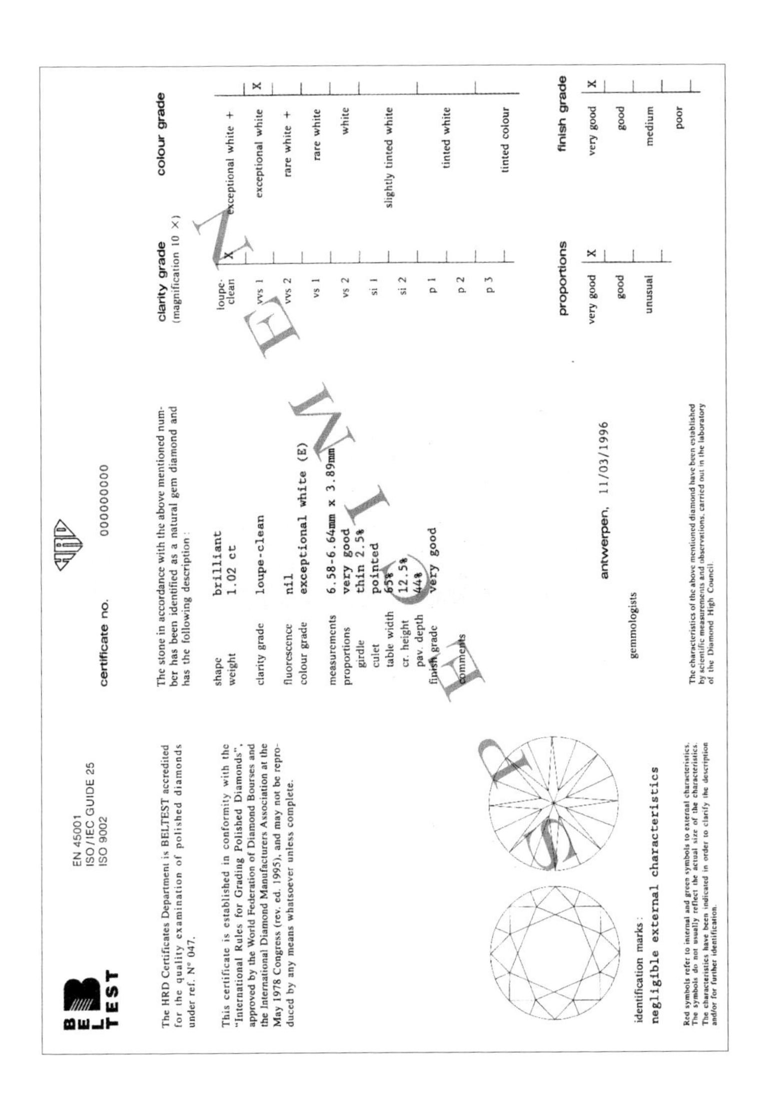
BEL TEST

EN 45001
ISO/IEC GUIDE 25
ISO 9002

The HRD Certificates Department is BELTEST accredited for the quality examination of polished diamonds under ref. N° 047.

This certificate is established in conformity with the "International Rules for Grading Polished Diamonds", approved by the World Federation of Diamond Bourses and the International Diamond Manufacturers Association at the May 1978 Congress (rev. ed. 1995), and may not be reproduced by any means whatsoever unless complete.

certificate no. 000000000

The stone in accordance with the above mentioned number has been identified as a natural gem diamond and has the following description:

shape	brilliant
weight	1.02 ct
clarity grade	loupe-clean
fluorescence	nil
colour grade	exceptional white (E)
measurements	6.58-6.64mm x 3.89mm
proportions	very good
girdle	thin 2.5%
culet	pointed
table width	65%
cr. height	12.5%
pav. depth	44%
finish grade	very good
comments	

antwerpen, 11/03/1996

gemmologists

The characteristics of the above mentioned diamond have been established by scientific measurements and observations, carried out in the laboratory of the Diamond High Council.

clarity grade (magnification 10 ×)

clarity grade	
loupe-clean	X
vvs 1	
vvs 2	
vs 1	
vs 2	
si 1	
si 2	
p 1	
p 2	
p 3	

colour grade	
exceptional white +	
exceptional white	X
rare white +	
rare white	
white	
slightly tinted white	
tinted white	
tinted colour	

proportions	
very good	X
good	
unusual	

finish grade	
very good	X
good	
medium	
poor	

identification marks:
negligible external characteristics

Red symbols refer to internal and green symbols to external characteristics. The symbols do not usually reflect the actual size of the characteristics. The characteristics have been indicated in order to clarify the description and/or for further identification.

比利时高阶层钻石议会（Hoge Raad Voor Diamant）的钻石分级报告提供了切工信息，但并没有给出明确的切工分级。

信息来源：比利时高阶层钻石议会。

LON 0091285

The Gem Testing Laboratory of Great Britain

LONDON DIAMOND REPORT

Carat weight:	2.30
Colour grade:	F RARE WHITE +
Clarity grade:	VVS 2
Shape and cutting style:	ROUND BRILLIANT
Measurements:	9.06 - 9.13 x 5.16 mm
Proportions: Height:	56.7%
Table:	68 %
Polish:	VERY GOOD
Symmetry:	GOOD
Girdle:	VERY THIN TO THIN
UV-fluorescence:	FAINT
Comments:	

This Report does not make any statement with respect to the monetary value of the diamond.
Only the original report with signature and embossed stamp is a valid identification document.

The Gem Testing Laboratory of Great Britain is the official CIBJO recognised Laboratory for Great Britain.

The Gem Testing Laboratory of Great Britain

GAGTL, 27 Greville Street,
London, ECIN 8SU, Great Britain

Telephone: +44 171 405 3351
Fax: +44 171 831 9479

Signed SAMPLE

Date 22nd May 2001

英国宝石测试实验室的钻石分级报告上，尽管提供了很多关于切工方面的必要信息，但是并未给出切工分级评定。

备注：英国宝石测试实验室在2008年9月正式停止制作钻石分级证书并关闭实验室，但是在这个日期前的分级证书仍在流通使用，并可在市面上见到。

信息来源：英国宝石测试实验室（The Gem Testing Laboratory of Great Britain）。

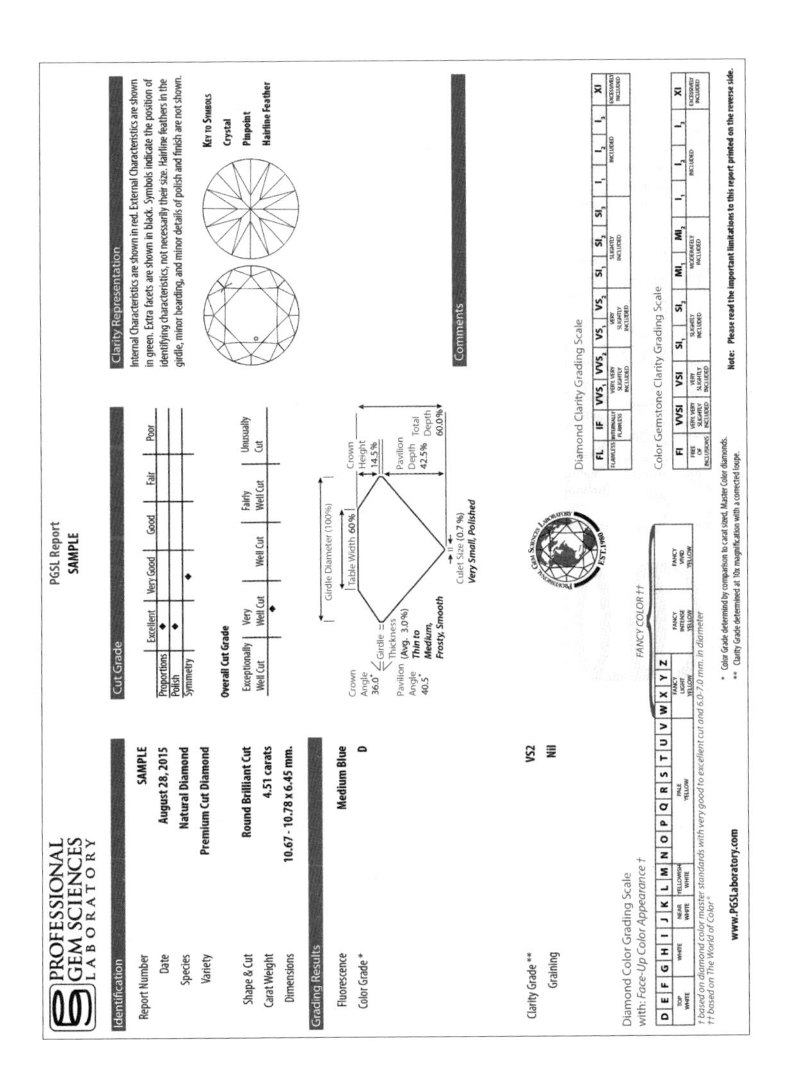

PROFESSIONAL GEM SCIENCES LABORATORY

PGSL Report
SAMPLE

Identification

Report Number	SAMPLE
Date	August 28, 2015
Species	Natural Diamond
Variety	Premium Cut Diamond
Shape & Cut	Round Brilliant Cut
Carat Weight	4.51 carats
Dimensions	10.67 - 10.78 x 6.45 mm.

Grading Results

Fluorescence	Medium Blue
Color Grade *	D
Clarity Grade **	VS2
Graining	Nil

Cut Grade

	Excellent	Very Good	Good	Fair	Poor
Proportions	◆				
Polish	◆				
Symmetry		◆			

Overall Cut Grade

Exceptionally Well Cut	Very Well Cut	Well Cut	Fairly Well Cut	Unusually Cut
	◆			

Clarity Representation

Internal Characteristics are shown in red. External Characteristics are shown in green. Extra facets are shown in black. Symbols indicate the position of identifying characteristics, not necessarily their size. Hairline feathers in the girdle, minor bearding, and minor details of polish and finish are not shown.

Key to Symbols: Crystal, Pinpoint, Hairline Feather

Comments

Diamond Color Grading Scale with: *Face-Up Color Appearance †*

D	E	F	G	H	I	J	K	L	M	N	O	P	Q	R	S	T	U	V	W	X	Y	Z	FANCY COLOR ††	
TOP WHITE		WHITE			NEAR WHITE		YELLOWISH WHITE		PALE YELLOW										FANCY LIGHT YELLOW				FANCY INTENSE YELLOW	FANCY VIVID YELLOW

† based on diamond color master standards with very good to excellent cut and 6.0-7.0 mm. in diameter
†† based on The World of Color®

Diamond Clarity Grading Scale

FL	IF	VVS_1	VVS_2	VS_1	VS_2	SI_1	SI_2	SI_3	I_1	I_2	I_3	XI
FLAWLESS	INTERNALLY FLAWLESS	VERY, VERY SLIGHTLY INCLUDED		VERY SLIGHTLY INCLUDED		SLIGHTLY INCLUDED			INCLUDED			EXCESSIVELY INCLUDED

Color Gemstone Clarity Grading Scale

FI	VVSI	VSI	SI_1	SI_2	MI_1	MI_2	I_1	I_2	I_3	XI
FREE OF INCLUSIONS	VERY, VERY SLIGHTLY INCLUDED	VERY SLIGHTLY INCLUDED	SLIGHTLY INCLUDED		MODERATELY INCLUDED		INCLUDED			EXCESSIVELY INCLUDED

* Color Grade determined by comparison to carat sized, Master Color diamonds.
** Clarity Grade determined at 10x magnification with a corrected loupe.

www.PGSLaboratory.com

Note: Please read the important limitations to this report printed on the reverse side.

专业宝石科技实验室（Professional Gem Sciences）的这份钻石分级报告在“备注”栏标注了切工等级，这里的切工等级是“非常好”（very well cut）。

信息来源：专业宝石科技实验室。

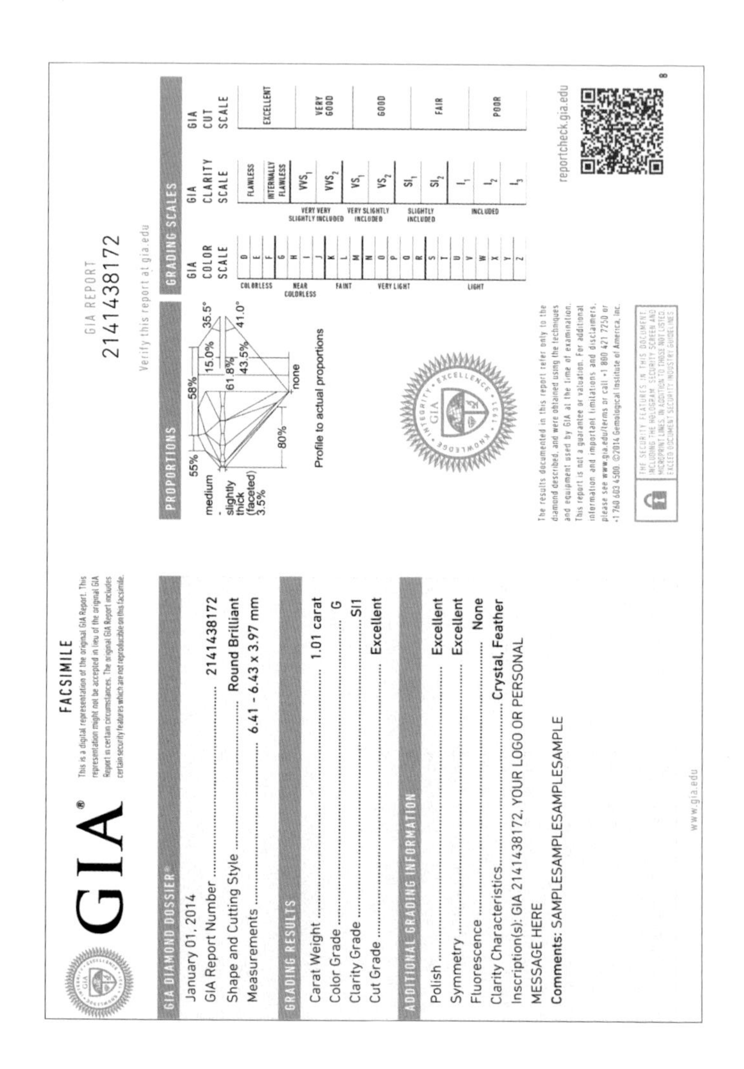

GIA®

FACSIMILE

This is a digital representation of the original GIA Report. This representation might not be accepted in lieu of the original GIA Report in certain circumstances. The original GIA Report includes certain security features which are not reproducible on this facsimile.

GIA REPORT 2141438172

Verify this report at gia.edu

GIA DIAMOND DOSSIER®

January 01, 2014

GIA Report Number 2141438172

Shape and Cutting Style .... Round Brilliant

Measurements .... 6.41 - 6.43 x 3.97 mm

GRADING RESULTS

Carat Weight .... 1.01 carat

Color Grade .... G

Clarity Grade SI1

Cut Grade .... Excellent

ADDITIONAL GRADING INFORMATION

Polish .... Excellent

Symmetry .... Excellent

Fluorescence .... None

Clarity Characteristics .... Crystal, Feather

Inscription(s): GIA 2141438172, YOUR LOGO OR PERSONAL MESSAGE HERE

Comments: SAMPLESAMPLESAMPLESAMPLE

www.gia.edu

PROPORTIONS

GRADING SCALES

GIA COLOR SCALE: D E F G H I J K L M N O P Q R S T U V W X Y Z

COLORLESS / NEAR COLORLESS / FAINT / VERY LIGHT / LIGHT

GIA CLARITY SCALE: FLAWLESS / INTERNALLY FLAWLESS / VVS1 VVS2 / VS1 VS2 / SI1 SI2 / I1 I2 I3

VERY VERY SLIGHTLY INCLUDED / VERY SLIGHTLY INCLUDED / SLIGHTLY INCLUDED / INCLUDED

GIA CUT SCALE: EXCELLENT / VERY GOOD / GOOD / FAIR / POOR

reportcheck.gia.edu

The results documented in this report refer only to the diamond described, and were obtained using the techniques and equipment used by GIA at the time of examination. This report is not a guarantee or valuation. For additional information and important limitations and disclaimers, please see www.gia.edu/terms or call +1 800 421 7250 or +1 760 603 4500. ©2014 Gemological Institute of America, Inc.

THE SECURITY FEATURES IN THIS DOCUMENT, INCLUDING THE HOLOGRAM, SECURITY SCREEN AND MICROPRINT LINES, IN ADDITION TO THOSE NOT LISTED, EXCEED DOCUMENT SECURITY INDUSTRY GUIDELINES.

新的GIA钻石证书（针对0.18~0.99克拉钻石发布的小证书）会标明切工级别和轮廓图。注意小证书并未提供标明包裹体类型及位置的图标；这些只会在完整的钻石分级报告（大证书）中提供。

信息来源：美国宝石学院。

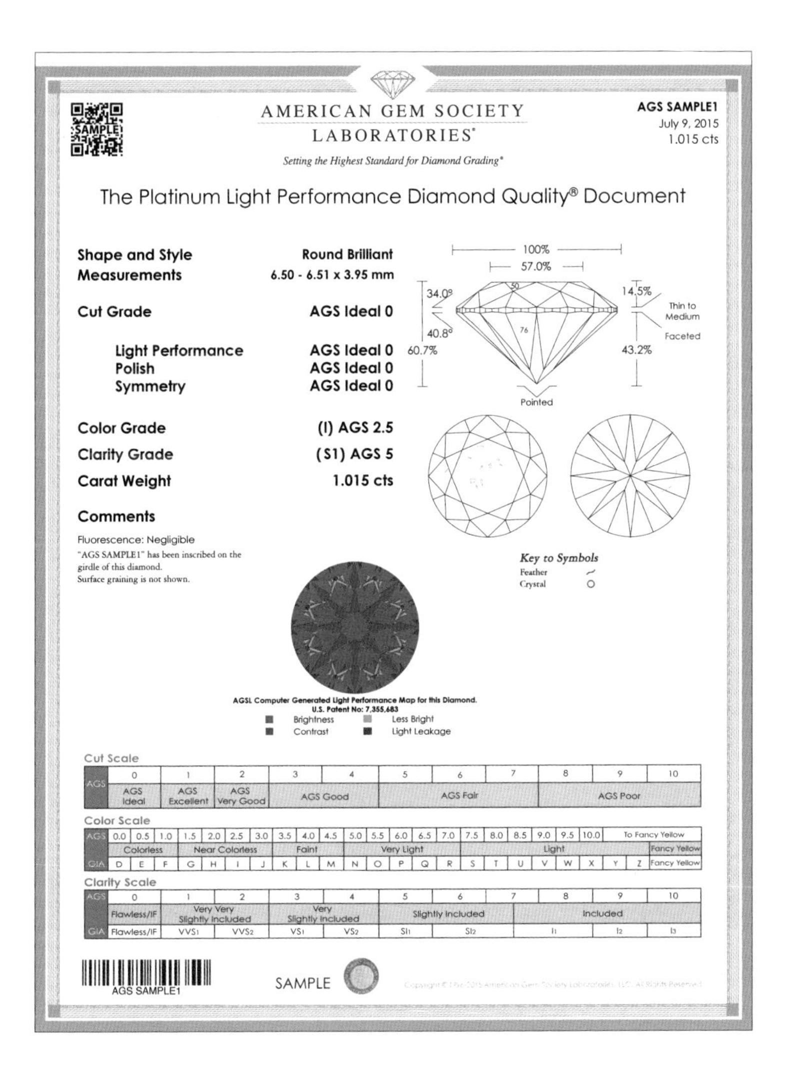

AMERICAN GEM SOCIETY LABORATORIES®

Setting the Highest Standard for Diamond Grading®

AGS SAMPLE1
July 9, 2015
1.015 cts

The Platinum Light Performance Diamond Quality® Document

Shape and Style	**Round Brilliant**
Measurements	**6.50 - 6.51 x 3.95 mm**
Cut Grade	**AGS Ideal 0**
Light Performance	**AGS Ideal 0**
Polish	**AGS Ideal 0**
Symmetry	**AGS Ideal 0**
Color Grade	**(I) AGS 2.5**
Clarity Grade	**(S1) AGS 5**
Carat Weight	**1.015 cts**

Comments

Fluorescence: Negligible
"AGS SAMPLE1" has been inscribed on the girdle of this diamond.
Surface graining is not shown.

Key to Symbols
Feather
Crystal

AGSL Computer Generated Light Performance Map for this Diamond.
U.S. Patent No: 7,355,683
Brightness
Less Bright
Contrast
Light Leakage

Cut Scale

AGS	0	1	2	3	4	5	6	7	8	9	10
	AGS Ideal	AGS Excellent	AGS Very Good	AGS Good		AGS Fair			AGS Poor		

Color Scale

AGS	0.0	0.5	1.0	1.5	2.0	2.5	3.0	3.5	4.0	4.5	5.0	5.5	6.0	6.5	7.0	7.5	8.0	8.5	9.0	9.5	10.0	To Fancy Yellow		
	Colorless			Near Colorless				Faint			Very Light					Light								Fancy Yellow
GIA	D	E	F	G	H	I	J	K	L	M	N	O	P	Q	R	S	T	U	V	W	X	Y	Z	Fancy Yellow

Clarity Scale

AGS	0	1	2	3	4	5	6	7	8	9	10
	Flawless/IF	Very Very Slightly Included		Very Slightly Included		Slightly Included		Included			
GIA	Flawless/IF	VVS1	VVS2	VS1	VS2	SI1	SI2		I1	I2	I3

AGS SAMPLE1

SAMPLE

美国宝石协会的钻石分级报告为圆钻和部分异形切工钻石提供了切工等级。

信息来源：美国宝石协会。

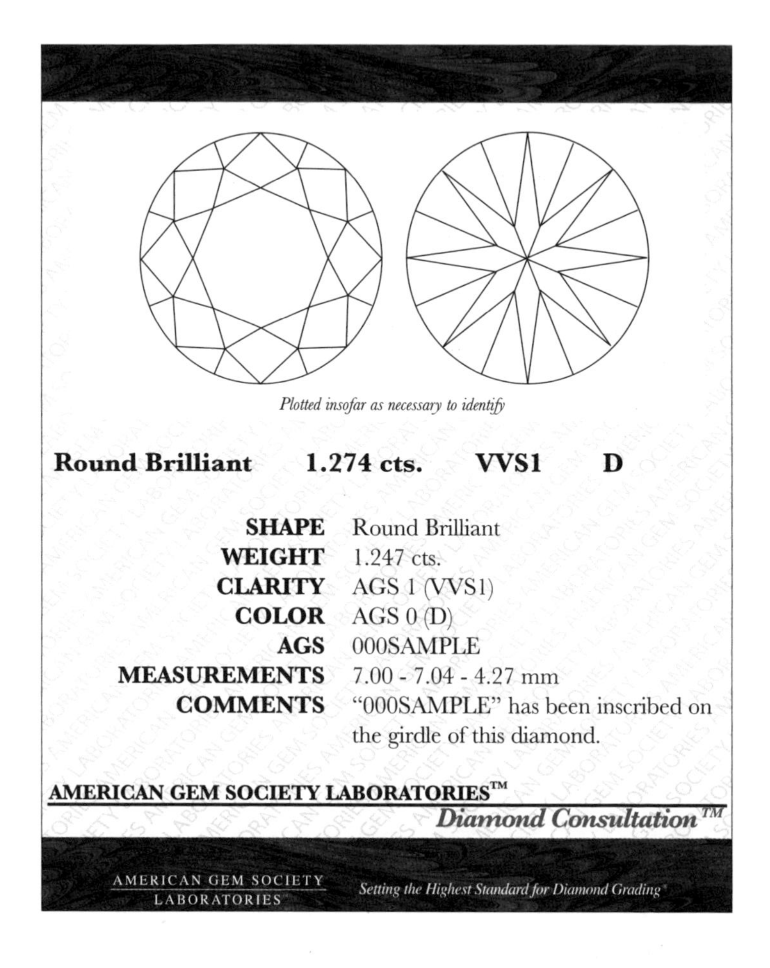

Plotted insofar as necessary to identify

Round Brilliant 1.274 cts. VVS1 D

SHAPE	Round Brilliant
WEIGHT	1.247 cts.
CLARITY	AGS 1 (VVS1)
COLOR	AGS 0 (D)
AGS	000SAMPLE
MEASUREMENTS	7.00 - 7.04 - 4.27 mm
COMMENTS	"000SAMPLE" has been inscribed on the girdle of this diamond.

AMERICAN GEM SOCIETY LABORATORIES™

Diamond Consultation™

AMERICAN GEM SOCIETY LABORATORIES

Setting the Highest Standard for Diamond Grading

美国宝石协会的钻石咨询报告不会提供切工等级，也不会附有净度素描图。

信息来源：美国宝石协会。

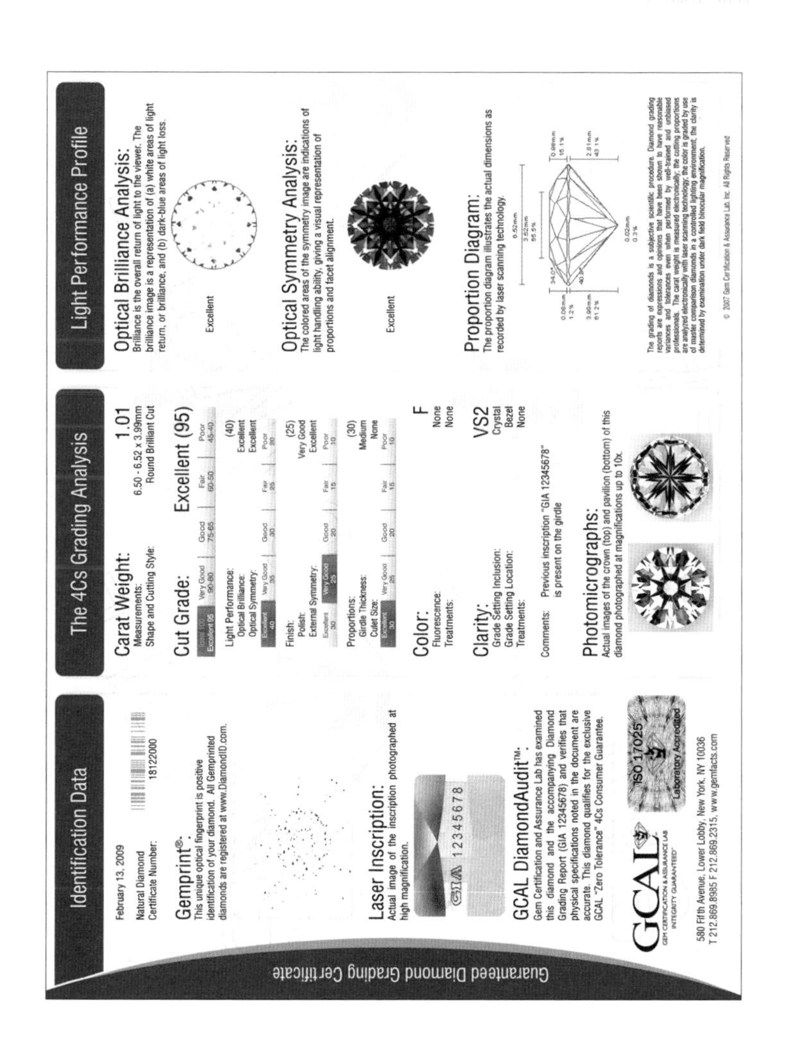

Guaranteed Diamond Grading Certificate

Identification Data

February 13, 2009

Natural Diamond

Certificate Number: 18122000

Gemprint®:
This unique optical fingerprint is positive identification of your diamond. All Gemprinted diamonds are registered at www.DiamondID.com.

Laser Inscription:
Actual image of the inscription photographed at high magnification.

GIA 12345678

GCAL DiamondAudit™:
Gem Certification and Assurance Lab has examined this diamond and the accompanying Diamond Grading Report (GIA 12345678) and verifies that physical specifications noted in the document are accurate. This diamond qualifies for the exclusive GCAL "Zero Tolerance" 4Cs Consumer Guarantee.

GCAL GEM CERTIFICATION & ASSURANCE LAB INTEGRITY GUARANTEED

ISO 17025 Laboratory Accredited

580 Fifth Avenue, Lower Lobby, New York, NY 10036
T 212.869.8985 F 212.869.2315, www.gemfacts.com

The 4Cs Grading Analysis

Carat Weight: 1.01
Measurements: 6.50 - 6.52 x 3.99mm
Shape and Cutting Style: Round Brilliant Cut

Cut Grade: Excellent (95)

Ideal 100 Excellent 95	Very Good 90-80	Good 75-65	Fair 60-50	Poor 45-40

Light Performance: (40)
Optical Brilliance: Excellent
Optical Symmetry: Excellent

Excellent 40	Very Good 35	Good 30	Fair 25	Poor 20

Finish: (25)
Polish: Very Good
External Symmetry: Excellent

Excellent 30	Very Good 25	Good 20	Fair 15	Poor 10

Proportions: (30)
Girdle Thickness: Medium
Culet Size: None

Excellent 30	Very Good 25	Good 20	Fair 15	Poor 10

Color: F
Fluorescence: None
Treatments: None

Clarity: VS2
Grade Setting Inclusion: Crystal
Grade Setting Location: Bezel
Treatments: None

Comments: Previous inscription "GIA 12345678" is present on the girdle

Photomicrographs:
Actual images of the crown (top) and pavilion (bottom) of this diamond photographed at magnifications up to 10x.

Light Performance Profile

Optical Brilliance Analysis:
Brilliance is the overall return of light to the viewer. The brilliance image is a representation of (a) white areas of light return, or brilliance, and (b) dark-blue areas of light loss.

Excellent

Optical Symmetry Analysis:
The colored areas of the symmetry image are indications of light handling ability, giving a visual representation of proportions and facet alignment.

Excellent

Proportion Diagram:
The proportion diagram illustrates the actual dimensions as recorded by laser scanning technology.

The grading of diamonds is a subjective scientific procedure. Diamond grading reports are expressions and opinions that have been shown to have reasonable variances and tolerances even when performed by well-trained and unbiased professionals. The carat weight is measured electronically; the cutting proportions are analyzed electronically with laser scanning technology; the color is graded by use of master comparison diamonds in a controlled lighting environment; the clarity is determined by examination under dark field binocular magnification.

宝石鉴定与保障实验室的五星保障分级证书提供了钻石光学效果的直接评估，连同的宝石印象图像，一起归档在宝石鉴定与保障实验室的国际数据库中。执法机构可通过该数据库查询以追索遗失或被盗抢的钻石。宝石鉴定与保障实验室还为实验室合成钻石提供鉴定报告，但是在这类报告中不列出钻石光学效果相关数据。

信息来源：宝石鉴定与保障实验室。

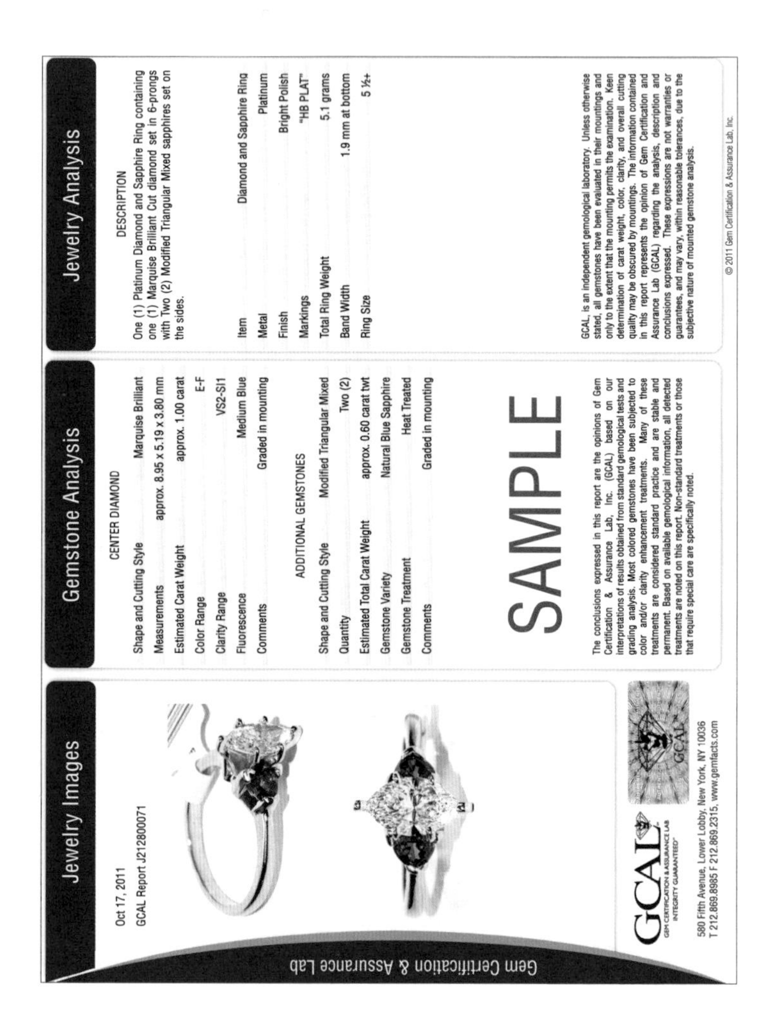
Gem Certification & Assurance Lab

Jewelry Images

Oct 17, 2011

GCAL Report J212800071

GCAL GEM CERTIFICATION & ASSURANCE LAB INTEGRITY GUARANTEED

580 Fifth Avenue, Lower Lobby, New York, NY 10036
T 212.869.8985 F 212.869.2315, www.gemfacts.com

Gemstone Analysis

CENTER DIAMOND

Shape and Cutting Style	Marquise Brilliant
Measurements	approx. 8.95 x 5.19 x 3.80 mm
Estimated Carat Weight	approx. 1.00 carat
Color Range	E-F
Clarity Range	VS2-SI1
Fluorescence	Medium Blue
Comments	Graded in mounting

ADDITIONAL GEMSTONES

Shape and Cutting Style	Modified Triangular Mixed
Quantity	Two (2)
Estimated Total Carat Weight	approx. 0.60 carat twt
Gemstone Variety	Natural Blue Sapphire
Gemstone Treatment	Heat Treated
Comments	Graded in mounting

SAMPLE

The conclusions expressed in this report are the opinions of Gem Certification & Assurance Lab, Inc. (GCAL) based on our interpretations of results obtained from standard gemological tests and grading analysis. Most colored gemstones have been subjected to color and/or clarity enhancement treatments. Many of these treatments are considered standard practice and are stable and permanent. Based on available gemological information, all detected treatments are noted on this report. Non-standard treatments or those that require special care are specifically noted.

Jewelry Analysis

DESCRIPTION

One (1) Platinum Diamond and Sapphire Ring containing one (1) Marquise Brilliant Cut diamond set in 6-prongs with Two (2) Modified Triangular Mixed sapphires set on the sides.

Item	Diamond and Sapphire Ring
Metal	Platinum
Finish	Bright Polish
Markings	"HB PLAT"
Total Ring Weight	5.1 grams
Band Width	1.9 mm at bottom
Ring Size	5 ½+

GCAL is an independent gemological laboratory. Unless otherwise stated, all gemstones have been evaluated in their mountings and only to the extent that the mounting permits the examination. Keen determination of carat weight, color, clarity, and overall cutting quality may be obscured by mountings. The information contained in this report represents the opinion of Gem Certification and Assurance Lab (GCAL) regarding the analysis, description and conclusions expressed. These expressions are not warranties or guarantees, and may vary, within reasonable tolerances, due to the subjective nature of mounted gemstone analysis.

© 2011 Gem Certification & Assurance Lab, Inc.

宝石鉴定与保障实验室的这份首饰鉴定报告为已经镶嵌在首饰上的钻石进行质量评级。该报告还对镶嵌钻石的首饰进行描述，并附有蓝宝石配石的信息，标明其并非实验室人工合成的，并且颜色经过热处理改善过。

信息来源：宝石鉴定与保障实验室。

GGTL Laboratories GEMLAB (LIECHTENSTEIN) GEMTECHLAB

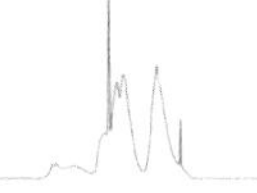

DIAMOND COLOR AUTHENTICITY REPORT
EXPERTISE D'AUTHENTICTE DE COULEUR DE COULEUR

No. 15-D-XXXX

Description	**One facetted colourless diamond / *Un diamant incolore facetté.***
Weight / *Poids*	**9.17₁ carats.**
Origine and type	**Natural diamond, type IIa.**
Origine et type	***Diamant naturel, type IIa.***
Color origin	**Natural.**
Origine de la couleur	***Naturelle.***
Shape and cut	Round brilliant.
Forme et taille	*Rond brillant.*
Measurements / *Dimensions*	≈ 13.88 x 13.86 x 7.95 mm.
Fluorescence	
LWUV / *UVL*	None / *Sans.*
SWUV / *UVC*	None / *Sans.*
Comments	None.
Commentaires	*Sans.*

This gemmological expertise has been carried out with all due care and can be repeated at any time within the framework of an identical analysis methodology. The validity of this document is subject to the conditions overleaf.
Cet examen gemmologique a été exécuté avec tous les soins requis et peut être répété en tout temps dans le cadre d'un protocole identique. La validité du présent document est subordonnée aux conditions figurant au verso.

Balzers, September 17, 2015.

Dr. Thomas HAINSCHWANG, D.U.G.　　Franck NOTARI, D.U.G.

GGTL Laboratories GEMLAB (Liechtenstein)　Gnetsch 42 - LI - 9496 Balzers　Tel +423 262 24 64　laboratory@ggtl-lab.org

全球宝石测试实验室（Global Gem Testing Laboratory，简称 GGTL）是一家备受赞誉的欧洲实验室，能出具鉴定高温高压处理钻石的报告，可确定钻石类型以及其颜色是天然的还是经高温高压处理形成的。

信息来源：全球宝石测试实验室。

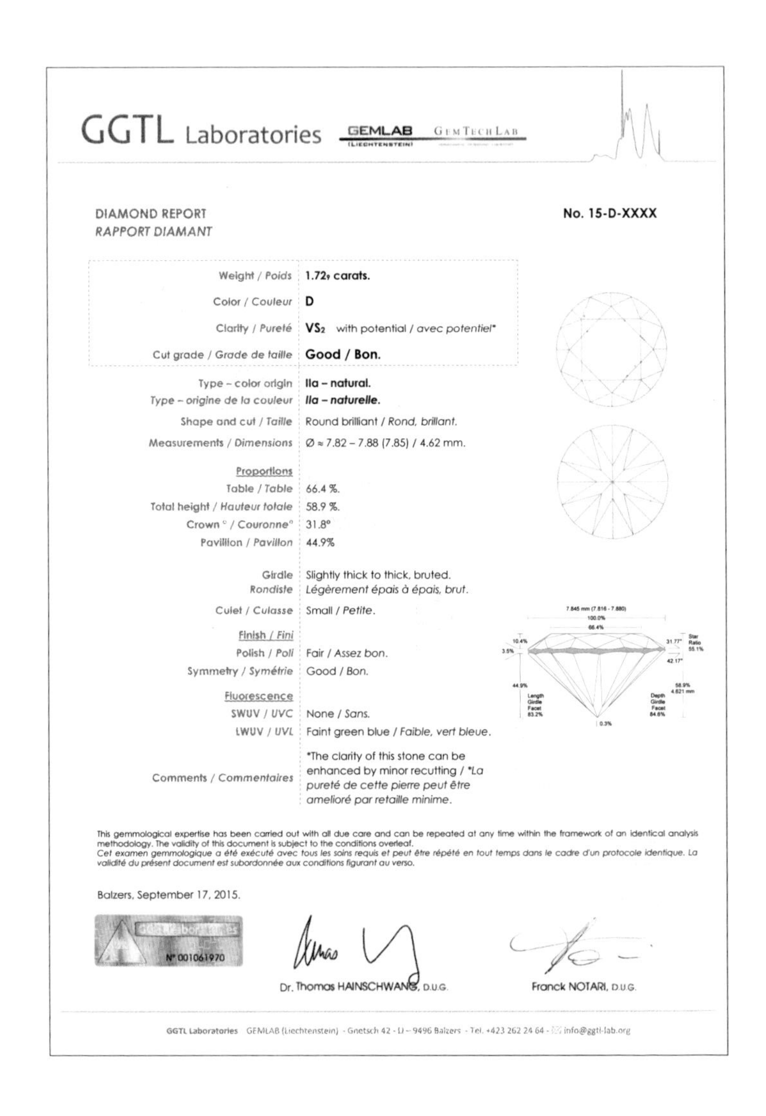

GGTL Laboratories GEMLAB (LIECHTENSTEIN) GemTechLab

DIAMOND REPORT
RAPPORT DIAMANT

No. 15-D-XXXX

Weight / *Poids*	**1.72_9 carats.**
Color / *Couleur*	**D**
Clarity / *Pureté*	**VS_2** with potential / *avec potentiel**
Cut grade / *Grade de taille*	**Good / Bon.**
Type – color origin	**IIa – natural.**
Type – origine de la couleur	***IIa – naturelle.***
Shape and cut / *Taille*	Round brilliant / *Rond, brillant.*
Measurements / *Dimensions*	Ø ≈ 7.82 – 7.88 (7.85) / 4.62 mm.
Proportions	
Table / *Table*	66.4 %.
Total height / *Hauteur totale*	58.9 %.
Crown ° / *Couronne°*	31.8°
Pavilion / *Pavillon*	44.9%
Girdle	Slightly thick to thick, bruted.
Rondiste	*Légèrement épais à épais, brut.*
Culet / *Culasse*	Small / *Petite.*
Finish / *Fini*	
Polish / *Poli*	Fair / Assez bon.
Symmetry / *Symétrie*	Good / Bon.
Fluorescence	
SWUV / *UVC*	None / *Sans.*
LWUV / *UVL*	Faint green blue / *Faible, vert bleue.*
Comments / *Commentaires*	*The clarity of this stone can be enhanced by minor recutting / **La pureté de cette pierre peut être amelioré par retaille minime.*

This gemmological expertise has been carried out with all due care and can be repeated at any time within the framework of an identical analysis methodology. The validity of this document is subject to the conditions overleaf.
Cet examen gemmologique a été exécuté avec tous les soins requis et peut être répété en tout temps dans le cadre d'un protocole identique. La validité du présent document est subordonnée aux conditions figurant au verso.

Balzers, September 17, 2015.

N° 001061970

Dr. Thomas HAINSCHWANG, D.U.G.   Franck NOTARI, D.U.G.

GGTL Laboratories GEMLAB (Liechtenstein) - Gnetsch 42 - LI – 9496 Balzers - Tel. +423 262 24 64 - info@ggtl-lab.org

全球宝石测试实验室的钻石分级报告会标明钻石的类型以及颜色是天然的还是经高温高压处理形成的。

信息来源：全球宝石测试实验室。

GGTL Laboratories GEMLAB (LIECHTENSTEIN) GemTechLab

Not to scale / Pas à l'échelle

ANALYSIS REPORT
RAPPORT D'ANALYSE

No. 15-D-XXXX

Description: 10 parcels of faceted colorless gemstones.
10 lots de gemmes incolores facettées.

Shape and cut / *Taille*: Round brilliant.
Rond, brillant.

Detail / *Détail*:

Ref.	Color / Couleur.	Total weight / *Poids total*	Diameter / *Diamètre*	Quantity / *Quantité*
13-D-3839-a	Colorless/Incolore	0.07$_{9}$ cts	≈ 0.70 – 0.75 mm	≈ 50
13-D-3839-b	Colorless/Incolore	0.09$_{7}$ cts	≈ 0.75 – 0.80 mm	≈ 50
13-D-3839-c	Colorless/Incolore	0.23$_{1}$ cts	≈ 0.80 – 0.85 mm	≈ 100
13-D-3839-d	Colorless/Incolore	0.26$_{5}$ cts	≈ 0.85 – 0.90 mm	≈ 100
13-D-3839-e	Colorless/Incolore	0.30$_{7}$ cts	≈ 0.90 – 0.95 mm	≈ 99
13-D-3839-f	Colorless/Incolore	4.85$_{5}$ cts	≈ 1.25 – 1.30 mm	≈ 549
13-D-3839-g	Colorless/Incolore	3.98$_{8}$ cts	≈ 1.35 – 1.40 mm	≈ 395
13-D-3839-h	Colorless/Incolore	5.00$_{8}$ cts	≈ 1.45 – 1.50 mm	≈ 403
13-D-3839-i	Colorless/Incolore	5.00$_{5}$ cts	≈ 1.65 – 1.70 mm	≈ 269
13-D-3839-j	Colorless/Incolore	5.00$_{3}$ cts	≈ 2.10 – 2.20 mm	≈ 138
TOTAL		*24.83$_{8}$ cts*	—	*≈ 2153*

Identification / *Identification*: **Natural diamond.**
Diamant naturel.

Conclusions / *Conclusions*: The examined diamonds are of natural origin.
Les diamants examinés sont d'origine naturelle.

This gemmological expertise has been carried out with all due care and can be repeated at any time within the framework of an identical analysis methodology. The validity of this document is subject to the conditions overleaf.
Cet examen gemmologique a été exécuté avec tous les soins requis et peut être répété en tout temps dans le cadre d'un protocole identique. La validité du présent document est subordonnée aux conditions figurant au verso.

Balzers, September 17, 2015

GGTL Laboratories Nº 001061970

Dr. Thomas HAINSCHWANG, D.U.G.   Franck NOTARI, D.U.G.

GGTL Laboratories GEMLAB (Liechtenstein) - Gnetsch 42 - LI – 9496 Balzers - Tel. +423 262 24 64 - laboratory@ggtl-lab.org

全球宝石测试实验室还有为成包的细小钻石提供筛选并出具报告的服务，以防人造钻石混入天然小钻石包中。

信息来源：全球宝石测试实验室。

SPECIMEN
Diamond Grading Report No. XXXXX

The 4C grades

Weight:	6.789 ct
Colour:	exceptional white + (D)
Clarity:	VVS1
Cut:	excellent

Further characteristics

Shape, cut:	round, brilliant
Measurements:	12.02 - 12.28 x 7.30 mm
Symmetry:	excellent
Polish:	very good
Proportions:	depth: 60% table: 61%
Girdle:	thin to medium, faceted
UV-fluorescence:	none
Comments:	small external characteristics The analysed properties confirm the colour authenticity of this type Ia diamond.

The diagram reflects the approximate outline of the diamond. The number of facets, their proportions and positions may not be accurate. Major internal characteristics are plotted in red. Major external characteristics are plotted in green

Important Note: This diamond grading report is established in accordance with recognized international rules. Testing is carried out by at least two experts according to the present knowledge in the field of diamond grading; using recognized scientific testing methods and modern analytical instruments. This diamond grading report is in no way a statement of monetary value for the graded diamond. Only the report with the valid original signatures, embossed stamp and ProofTag™ label is a valid document for the graded diamond. Misuse of this document will be legally prosecuted. The place of jurisdiction is Basel, Switzerland. The Swiss Gemmological Institute is the executive, independent and public arm of the Swiss Foundation for Research of Gemstones - SSEF. See important notes at the back of the report © The certificate is copyright of SSEF.

SWISS GEMMOLOGICAL INSTITUTE – SSEF

Basel, 19 November 2014 dh

Report authentication (log on to www.prooftag.com)

Initials:  

Falknerstrasse 9 CH-4001 Basel Switzerland Tel. +41 61 262 06 40 Fax + 41 61 262 06 41 gemlab@ssef.ch www.ssef.ch

瑞士珠宝研究院（SSEF）出具的钻石分级报告。
信息来源：瑞士珠宝研究院。

SPECIMEN

Test Report No. XXXXX

on the authenticity of the following gemstones
Reference: XXXXX

Quantity:	200		
Total weight:	0.849 ct		
Shape & cut:	round, brilliant		
Diameters:	from 0.94 mm to 1.06 mm		
Depth:	from 0.55 mm to 0.72 mm		
Colour:	from exceptional white (D/E) to slightly tinted white (I/J)		
	majority: rare white (F/G)		
	white (H) to slightly tinted white (I/J):	52 / 193	(27 %)
Clarity:	loupe clean to VVS:	116 / 193	(59 %)
	VS:	70 / 193	(35 %)
	SI:	11 / 193	(6 %)
Cut:	very good to good:	90 / 193	(46.5 %)
	medium:	103 / 193	(53.5 %)
Identification:	193 DIAMONDS of natural colour		

Comments: The analysed properties confirm the authenticity of these diamonds.

Due to the size of the gemstones described herein, quality control disclosures are only approximate.

Seven diamonds (3.5 %) were not authenticated.

Important Note: The conclusions on this Preliminary Test Report reflect our findings at the time it is issued. Mounting may limit complete analysis of a gemstone or pearl, thus all conclusions are given as far as the mounting permits. The authenticity and colour authenticity of the additional diamonds in the setting have not been tested. The indicated calculated weight is only approximate and may differ from the exact weight of the gemstone/pearl when unmounted. A gemstone or pearl can be modified and/or enhanced at any time. Therefore, the SSEF can reassess at any time whether the gemstone or pearl is in accordance with this Preliminary Test Report. Only the Preliminary Test Report with the valid original signatures is a valid document. This Preliminary Test Report is only valid one month after the date of issue. © This Test report is copyrighted SSEF.

SWISS GEMMOLOGICAL INSTITUTE – SSEF

Basel, 4 May 2015 cp

Report authentication (log on to www.prooftag.com)
SSEF www.prooftag.com ref. 0 JB00 VNVD 44964

L. Phan, BDC

J.-P. Chalain, DUG

Aeschengraben 26, CH-4051 Basel, Switzerland Tel. +41 61 262 06 40 Fax + 41 61 262 06 41 admin@ssef.ch www.ssef.ch

瑞士珠宝研究院出具的一包200颗非常小的钻石的鉴定报告，确认它们是天然钻石而非人造品。

信息来源：瑞士珠宝研究院。

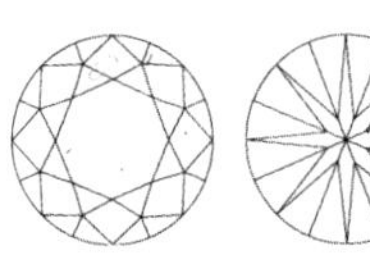

GEMMOLOGICAL REPORT

Report Number
Specimen Diamond Report

Place, Date
Lucerne, 8 October 2015

Weight
1.57 ct

Shape
round

Cut
brilliant cut

Measurements
7.45 - 7.47 x 4.56 mm

Depth / Table
61.1 % 60 %

Girdle
thin to medium, faceted

Culet
none

Colour Grade
D

Clarity Grade
VS 1

Polish
excellent

Symmetry
excellent

Fluorescence
faint

Identification
Natural diamond

Diamond Type
Ia

Important notes and limitations on the reverse.

Pierre Hardy

Susy Gübelin

Gübelin Gem Lab
Lucerne Hong Kong New York
www.gubelingemlab.com

瑞士古柏林宝石实验室出具的钻石分级报告。
信息来源：瑞士古柏林宝石实验室。

GEMMOLOGICAL REPORT

Report Number
Specimen Diamond Brief

Place, Date
Lucerne, 8 October 2015

Weight
1.57 ct

Shape
round

Cut
brilliant cut

Measurements
7.45 - 7.47 x 4.56 mm

Depth / Table
61.1% 60%

Girdle
thin to medium, faceted

Culet
none

Colour Grade
D

Clarity Grade
VS 1

Polish
excellent

Symmetry
excellent

Fluorescence
faint

Clarity characteristics
feather, crystal, pinpoint

Identification
Natural diamond

Diamond Type
Ia

Important notes and limitations on the reverse.

Pierre Hardy　　Susy Gübelin

Gübelin Gem Lab
Lucerne Hong Kong New York
www.gubelingemlab.com

瑞士古柏林宝石实验室出具的不含净度素描图的钻石小证书。
信息来源：瑞士古柏林宝石实验室。

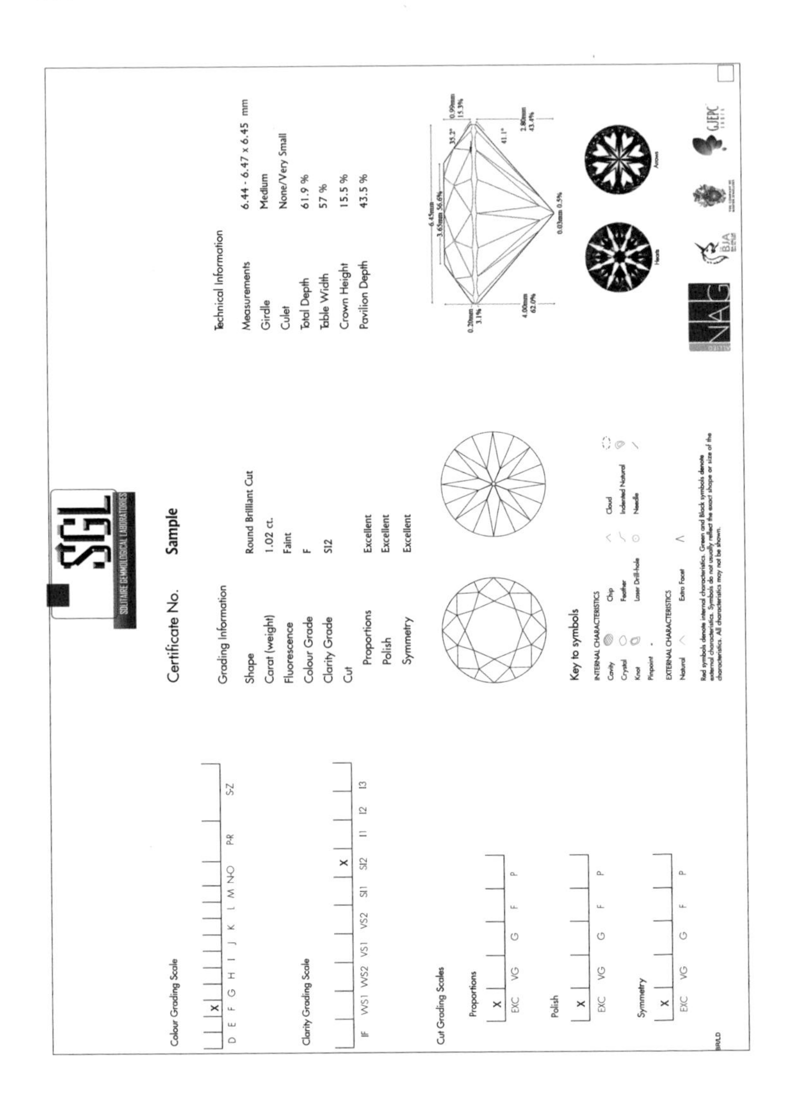

SGL SOLITAIRE GEMMOLOGICAL LABORATORIES

Certificate No. **Sample**

Colour Grading Scale

D E F G H I J K L M N O P-R S-Z (X at F)

Clarity Grading Scale

IF VVS1 VVS2 VS1 VS2 SI1 SI2 I1 I2 I3 (X at SI2)

Cut Grading Scales

Proportions: EXC VG G F P (X at EXC)

Polish: EXC VG G F P (X at EXC)

Symmetry: EXC VG G F P (X at EXC)

Grading Information

Shape	Round Brilliant Cut
Carat (weight)	1.02 ct.
Fluorescence	Faint
Colour Grade	F
Clarity Grade	SI2
Cut	
Proportions	Excellent
Polish	Excellent
Symmetry	Excellent

Technical Information

Measurements	6.44 - 6.47 x 6.45 mm
Girdle	Medium
Culet	None/Very Small
Total Depth	61.9 %
Table Width	57 %
Crown Height	15.5 %
Pavilion Depth	43.5 %

Key to symbols

INTERNAL CHARACTERISTICS: Cavity, Crystal, Knot, Pinpoint, Chip, Feather, Laser Drill-hole, Cloud, Indented Natural, Needle

EXTERNAL CHARACTERISTICS: Natural, Extra Facet

Red symbols denote internal characteristics. Green and Black symbols denote external characteristics. Symbols do not usually reflect the exact shape or size of the characteristics. All characteristics may not be shown.

位于英国伦敦的索立泰勒宝石实验室（SOLITAIRE GEMMOLOGICAL LABORATORIES，简称 SGL）出具的描述比较详尽的钻石分级报告。

信息来源：索立泰勒宝石实验室。

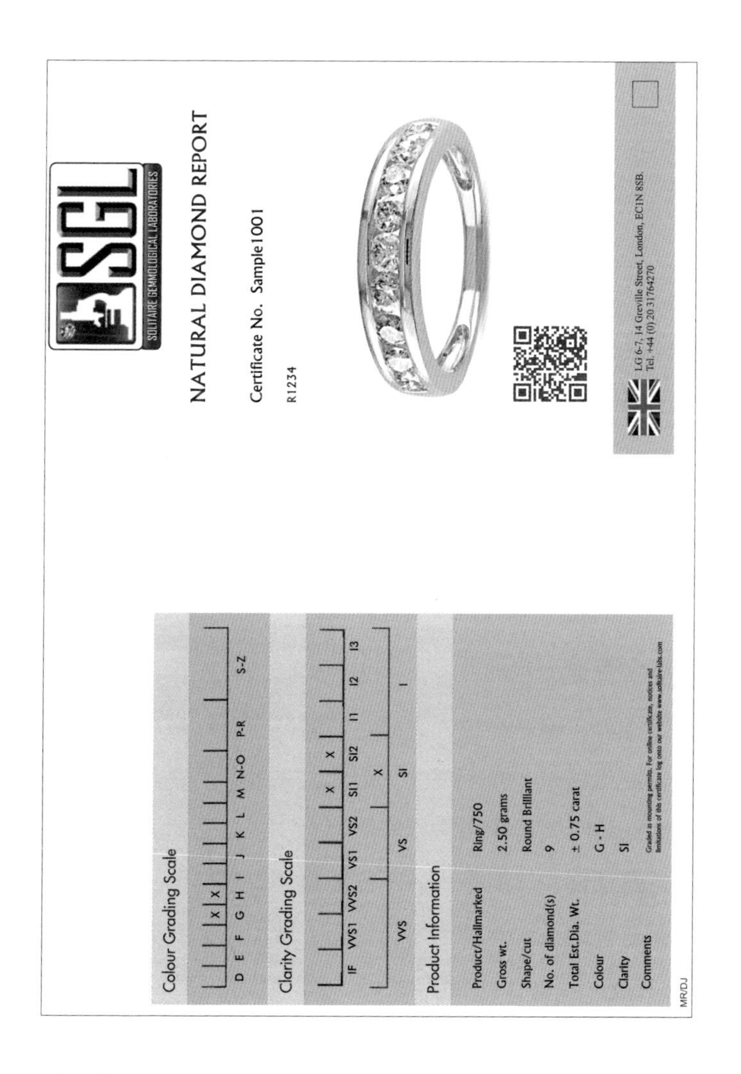

SGL SOLITAIRE GEMMOLOGICAL LABORATORIES

NATURAL DIAMOND REPORT

Certificate No. Sample1001

R1234

LG 6-7, 14 Greville Street, London, EC1N 8SB.
Tel. +44 (0) 20 31764270

Colour Grading Scale

D	E	F	G	H	I	J	K	L	M	N-O	P-R	S-Z
			x	x								

Clarity Grading Scale

IF	VVS1	VVS2	VS1	VS2	SI1	SI2	I1	I2	I3
					x	x			

VVS	VS	SI	I
		x	

Product Information

Product/Hallmarked	Ring/750
Gross wt.	2.50 grams
Shape/cut	Round Brilliant
No. of diamond(s)	9
Total Est.Dia. Wt.	± 0.75 carat
Colour	G - H
Clarity	SI
Comments	Graded as mounting permits. For online certificate, notices and limitations of this certificate log onto our website www.solitaire-labs.com

MR/DJ

索立泰勒宝石实验室为已经镶嵌在首饰上的钻石出具的检测报告。

注意：本证书的颜色和净度定的都是两个相邻的级别范围，并且有一个备注说明分级参数是在镶嵌状态下允许存在的浮动范围内。

信息来源：索立泰勒宝石实验室。

第 10 章　虚假的声明和昂贵的便宜货：如何辨识骗局，避开虚假信息

正如您所看到的，很多因素都影响钻石的质量和价值。当普通人查看一颗已经镶嵌好的钻石时，想看到严重影响钻石价格的特征可能是非常困难的。因此，我推荐消费者在购买价格较高的钻石时，要购买未镶嵌的钻石，在钻石的各项特征得到证明后再镶嵌它。但是您并不需要是一位珠宝学家，也不需要对购买首饰的过程感到恐惧。任何人按照下面我介绍的几个简单的步骤都可以自信地选购钻石。

避免骗局和虚假信息的四个关键步骤

· 第一步，从那些有渠道并且了解钻石的人手中购买　卖家需要有能力确保他们正在销售和购买的货品没问题。这并不意味着在购买钻石时不会出现像在跳蚤市场、房地产销售等领域出现的捡到便宜的现象，但是由于可能出现的错误信息，他人的蓄意谋划等，在这样的地方购买钻石风险极大。您必须在风险和可能出现的回报之间权衡。此外，在做出购买的最后决定前，想一下如果您购买的钻石出现了问题，您是否还能找到卖家。这是在旅游和想在国外购买珠宝时非常现实的问题。

请记住，如果您购买的珠宝出现了问题，除非这个卖家也在您居住的城市做生意，否则您可能会花费大量的金钱在退货之类的手续上。

· **第二步，询问关键的问题** 甚至是尖锐的问题都可以直接询问。得到想购买的钻石的完整信息的重点就是问关键的问题，这样才能确定您已经了解影响钻石质量和价值的重要因素。

· **第三步，把得到的信息记录下来** 确定卖家愿意把对您问题的回复并把对宝石及首饰的描述写在纸上。如果卖家不愿意这样做，我建议不要在这个卖家手里买东西，除非他那里有在一定期限内无条件退货的政策，并能退回全款（而不是商店的消费券）。在这种情况下，按下面的方法行事更安全。

· **第四步，找一位宝石评估师鉴定您所购买的宝石** 把您记录下来的东西给专业的宝石评估师进行验证是很重要的（见第四部分第 21 章）。一些不择手段的珠宝商知道书面的证明或是保证可以打消消费者的疑虑，为了达成交易他们愿意写下任何东西。所以，这可能是确保您做了明智的决定中最重要的一步。

通常情况下，如果您按照这四个简单的步骤购买钻石，就不用担心骗局或是虚假信息，无论是有意的还是无意的。这样可能会增加一点时间和额外的费用，但是对于您所选择的珠宝和珠宝商，您一定能更加了解和放心，这样也许可以避免您犯下代价高昂的错误。

虚假信息的类型
小心便宜货

鉴定错误

无色的天然宝石比如说无色的蓝宝石、水晶和锆石有时会被描述成钻石，特别是镶嵌在古代珠宝或是古董珠宝上和被切割成古老琢形时。我所见过的一个最有说服力的例子是一颗镶嵌在古董上被切割成八面体的用来仿钻石的无色蓝宝石。尽管这颗宝石的表面并没有真正的钻石晶体该有的特征，但是卖家坚信这个古董上有一颗天然的钻石晶体。

小的无色锆石经常会作为配石出现在包含无色宝石的珠宝首饰中，因为锆石耀眼的光泽看上去就像钻石一样。我的父亲曾给了我一枚周围镶嵌了无色锆石的漂亮的紫水晶戒指，这枚戒指被无数人赞赏（我确信他们认为这些锆石是钻石）。不幸的是，在数年前这枚戒指被盗走了——我确信那个小偷也认为这是一枚镶嵌了钻石的戒指！千万不要认为小而明亮的无色宝石就是钻石。明确地询问卖家首饰上面镶嵌的宝石是不是钻石，并把回复记录下来。

对钻石的描述好过它原本的情况

要注意便宜货。多数情况下不会出现这样的事。当一颗钻石的价格便宜到让人不敢相信的地步，那么这颗钻石的实际价值可能就是这个价格。除非卖家并不清楚这颗钻石真正的价值（这同时反映了这个卖家并没有相应的知识）。

费城的一家很大的、享有良好信誉并在多年经营的过程中积攒了庞大客户群的珠宝店，被举报故意歪曲店内销售的钻石的真正质量。店内的销售员经常会把钻石的颜色和净度提高好几个级别，这样他们钻石的价格就会比其他珠宝商的价格有更大的吸引力。多年来消费者们一直认为他们从这个珠宝店买到的钻石比其他公司好得多。如果没有发生这件事的话，因为消费者并不知道他们所购买的钻石的真正质量，他们就不能和其他珠宝公司的产品做出公平的比较。事实上，在这个地区的其他珠宝公司比所谓的“优惠”公司销售的钻石要好得多。

这样的公司在每个城市中都有。他们中的很多甚至很愿意把钻石的所有信息用文字写出来，通常还包括一个全面的“评估”。消费者大部分时候不会去检验这些不诚信的承诺，因为大多数人认为当卖家愿意把一切都“记录在案”时，他或她所描述的东西就和这个宝石相符。大多数的消费者不会再费事去验证卖家的话。

所谓的“批发价”真的是批发价吗

消费者被承诺可以用批发价买到一颗钻石时自然而然会被吸引：价格明显低于大多数零售商提供的价格。我已经讲过一些这样的陷阱，尽管买到的钻石并不像卖家所说的那样，但还是有很多人相信他们得到的会是一个低于当地其他珠宝店的价格，其实很多时候没有这样的好事。

我近期参加了一个电视广播节目，作为普通顾客在一个宣称是“批发价”的钻石商手中购买了一颗钻石。除了对钻石质量的不实描述外，这颗钻石的价格是正常零售价格的两倍。我所购买的这颗钻石被商家描述为颜色是 J~K 色，净度为 SI_2。商家把他对钻石质量的描述都清晰地记录在了纸上。实际上这颗钻石的颜色是 X−，净度还没有达到 I_2。同时这颗钻石经过裂隙充填，尽管他给我展示了这个裂隙，并做出了解释，这给了我买这颗钻石的信心，虽然我明确表示过不想购买经过充填处理的钻石！我为这颗钻石花费了 3200 美元，而零售价格是 1400~1500 美元。我本可以更低的价格从任何零售商手中买到同样品质的钻石。这个故事的引申意义：不要认为您在一个珠宝“批发”街区中就能买到便宜货。

销售之前先设评估的骗局

小心那些不愿意把信息记录下来，但是在销售前让您拿着宝石去周围的评估师做评估的珠宝商。这可能是个骗局。这在像纽约著名的第 47 街那样的批发区很常见。

这种骗局的第一步都是向您解释为什么可以得到这笔独一无二的交易，因为卖家“刚买下它不久”（无论那意味着什么），或者想要“为您省下一笔钱”，又或者“我并不贪心”（我不在乎我用批发价卖给谁，总之，交易就是交易），等等。当发现您真的很感兴趣，卖家就会用一些听上去很可信的理由来解释为什么他或她不会把有关宝石质量的信息记录在销售单上。这时销售员会让您在公司警卫的陪同下去当地的评估师那里，这样您就能确信会得到一个巨大的优惠。很多人马上就会上钩，而且他们会觉得有了评估，那么一切都该没问题。然而现实并不是这样，他们只会是这个骗局的受害者。

那些希望可以得到评估的人通常还面临另外一个问题，他们不认识任何一位评估师，或者周围根本就没有评估师。很多来纽约第 47 街旅游的人大多来自外地，通常不认识本地人。就是这个原因，给了不择手段的商家向消费者推荐很多“可靠”的评估师的机会。又或者，他们会建议您自己选择（一些甚至会装作一点都不想知道您选择的是哪位评估师）。很多的消费者都会在这里受骗，因为他们不知道并不是所有的评估师都是一样的，也不是所有的评估师都是同样专业或可靠的（见第四部分第 21 章）。不幸的是，在这样的情况下，那些“可靠的评估师”通常意味着他们可以告诉潜在客户最想听到的评估结果。

消费者一定要小心来自商家的推荐。但是合法的珠宝商通常比最好的珠宝评估师都更了解这个领域的事情，所以应该尊重他们的建议。但消费者一定要检查珠宝商的资格认证文件，以避免上面提到的骗局。不幸的是，尤其是在主要城市的珠宝区，有很多不具备资格的评估师，他们中的一些人还会和不择手段的商家相勾结。

我的一个顾客的经验完整地告诉了我们这样的骗局是怎样运作的。她去纽约一家位于第 47 街的公司买东西。商家给她看了一枚超过 5 克拉的钻石戒指，价格只有大多数零售商给出的同等钻石质量价格的五分之一。她觉得这枚戒指非常漂亮，也非常高兴能以这样的价格买到这枚戒指。但是当她询问卖家可否把他对于这枚钻石戒指的质量描述记录下来时，他告诉她这违反了商店的规定，但是她在付款前可以带着这枚戒指找附近的评估师做评估。

这引起了她的警觉，特别是因为她根本不认识任何当地的评估师。幸运的是，我那时恰好在纽约，并把这枚戒指拿到了大学的实验室中仔细地检查（商家拒绝的话会很尴尬）。意料之中，钻石的质量并不像商家所描述的那样。这枚钻石戒指的净度等级被提升了 4 个级别，颜色通过涂层的手段提高了 7 个级别（涂层钻石表面的膜在正常的清洗中不会脱落，可能需要通过数月或数年才会被磨损）。我们不得不采用化学方法来清洗这枚钻石戒指，确定了这枚钻石戒指确实经过了涂层处理并暴露出其本来的颜色。

在这个案例中，考虑到这枚钻石戒指真正的价值，戒指的定价当然不是凭空而来的。这不是一个不好的价格，但是其他的零售商会根据钻石的价值给出一个与之匹配的价格，甚至可能更低。但是上文提到的珠宝商就太不诚信了，往往他们的行为也会给那些诚信的珠宝商带来不好的影响。在这种情况下，您会以为不诚信的珠宝商给了您一个最好的价格，而诚信的珠宝商的价值较高的钻石却被误解说“太贵了”。

通常，您应该注意防备以下四个方面出现欺骗或是虚假信息：

· 重量与实际不符。
· 颜色被改变或者颜色分级错误。
· 裂隙被充填或者净度分级错误。
· 证书被调换或者证书是伪造的。

重量

把“总重”描述成非单粒宝石的首饰上所有宝石的重量而不是首饰中“主石”的确切重量，是另外一种形式的失实陈述，这严格来说违反了美国联邦贸易委员会的条例。当给定首饰的重量的时候，特别是在展示卡、描述商品的标签，或特定珠宝的其他形式的广告上，主石的重量和首饰上全部宝石的重量都应该清晰地分别标注出来。

因此，如果您购买了一枚由中间的一颗大钻石和两颗侧钻组成的“3 克拉的钻石”戒指（很多款式的订婚戒指就是这样），中间主石的重量就应该被明确地标注。例如，“中间的宝石重 2.80 克拉，侧钻每粒重 0.1 克拉，宝石总重 3.00 克拉”。单颗钻石重 3.00 克拉和全部钻石加起来总共 3.00 克拉的价格相差巨大。

质量好的 3 克拉钻石可以卖到 50000 美元，总重 3 克拉的钻石（甚至有一些 1 克拉左右或者超过 1 克拉的钻石），根据其钻石的数量和单颗重量，价格在 5000~20000 美元。

当这种经典的单主石款戒指的钻石重量清楚标出来了，那知道主石的重量就和知道所有镶嵌上去的钻石的总重量一样重要。

当您询问一颗钻石的价格时，不要问错问题。通常消费者都会问这颗钻石多大而不是这颗钻石多重。得到的答案都会是宝石确切的重量。但是当回答中包括“展幅”时要注意：宝石的展幅为 1 克拉不意味着这颗钻石重 1 克拉，只是这颗钻石的宽度看上去像是 1 克拉钻。

颜色

没有标示永久性的处理方法

有很多方法能够处理钻石来改善它的颜色。有一些是暂时的，有一些是永久的。无论处理的颜色是不是永久的，任何的优化处理都应该被标示出来，这样您才能知道支付的价格是否合适。

高温高压处理方法　这是优化钻石的一种新的方法。在优化处理的过程中可以把带黄色调的钻石（低至 Q~Z 色级）变成无色或近无色——甚至达到D、E和F色！这种优化方法也可以应用在制造或改善彩色钻石方面。彩色钻石包括绿黄色、黄绿色，甚至是非常稀有的粉色和蓝色。这种颜色的改变是永久性的。

对于无色钻石来说，这种处理方法只对钻石中几个非常稀有的种类有效（IIa和Ia/b型）。对于消费者来说，非常幸运的是，专业的珠宝学家可以检测钻石是否属于这种稀有类型。如果钻石不属于这种类型，那么就不能应用这种处理方法；反之，就必须把钻石送到专业的实验室，例如GIA，去检测它的颜色是否经过高温高压处理来获得改善。GIA和其他实验室出具的钻石分级报告在“备注”部分会注明这种处理方法。

经过测试，只有不到2%的钻石属于IIa型，Ia/b型的钻石

这些无色钻石在高温高压处理前的天然颜色是棕色。

高温高压处理法能把天然颜色为棕色的钻石优化成无色的或者一些其他漂亮颜色的。

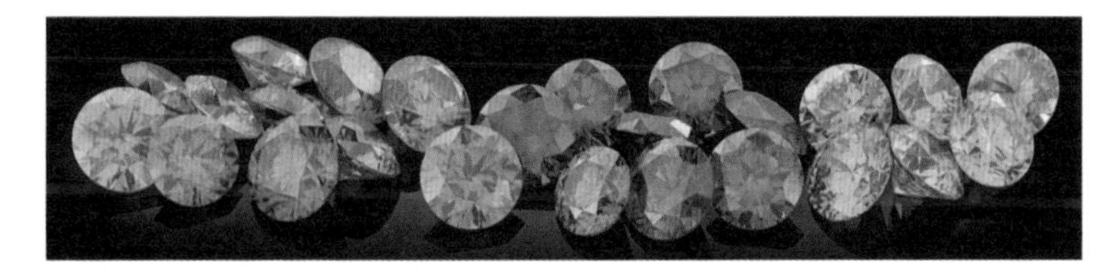

阳绿色、粉色和黄色也可以通过高温高压处理法得到。

天然钻石通过高温高压处理技术获得彩色。

就更加稀有了。在宝石级的钻石中这类钻石占据的比率会更大，而且会有颗粒较大和净度较高的钻石出现。因此，如果一颗钻石可以从带有强烈的黄色或棕色调变成无色时会产生很大的价格差。把买到的质量较好的钻石送到实验室并获得正式的检测报告变得越来越重要。

需要注意的是：在宝石学界，在高温高压处理方法在钻石上应用和研究出与天然钻石的区分方法前，这种处理钻石就已经进入市场［我们建议把 1996 年 1 月到 2000 年 6 月出具的证书中无色至近无色的钻石让珠宝学家检测，以确认是否属于 IIa 或 Ia/b 型，如果是的话就应该重新拿到专业的宝石测试实验室（见附录）进行验证］。

经过高温高压处理产生的彩色钻石特别是粉色和蓝色的钻石很难检测出来，特别是除 IIa 和 Ia/b 型钻石外，其他种类的钻石也可以产生这种颜色，所以只通过珠宝鉴定师确定宝石是否属于 IIa 和 Ia/b 型是不够的。我们强烈建议购买蓝色和粉色的彩色钻石要附有主要宝石实验室出具的证书，但是如果宝石已经附带证书，那么证书日期是 2000 年 12 月前的钻石一定要复检。

镶嵌有辐照法改色的黄色钻石的戒指。

辐照处理 带有黄色或棕色调的颜色不好的钻石（或者是瑕疵特别多的钻石，在有颜色的背景下瑕疵会变得不那么明显）经过特定种类的辐射源的辐射可以变成彩色钻石。这种处理方法可以产生艳黄色、绿色和蓝色的钻石，因为颜色美丽，钻石变得更加畅销。对于经过辐射处理的钻石本身而言，辐射并不是欺骗。事实上，通过这种方法处理得到的彩色钻石的价格可以被那些不能支付天然彩色钻石价格的人接受。同样地，您要确定自己购买的钻石到底是什么样的，这样才能以一个合适的价格购买，且应该比天然的彩色钻石要低很多。

运用暂时性的颜色优化处理方法来改善钻石的颜色

在钻石底尖的部位点上墨水 就像化学铅笔那样，在浅黄色钻石的底尖或边部位置上涂上一层紫色的墨水中和黄色调使钻石看上去更白。通过用水或酒精清洗就可以检测出来。如果您对钻石的颜色存有疑虑，可以委婉地要求商家清洗钻石（当着您的面）来更好地检验钻石的颜色，有信誉的珠宝商是不会拒绝这样的要求的。

使用喷射涂覆技术来改善颜色 这种技术（也称钻石覆膜技术）是在整个或部分钻石表面，通常是亭部这种镶嵌后不容易检测到的位置，喷射涂覆上一层特殊物质构成的薄膜。钻石的腰部位置同样可以覆上这种物质来产生同样的效果。这种物质，就像是化学铅笔，同样可以通过中和黄色来达到改善颜色的目的，甚至可以提升7个色级，但是和可擦墨水不一样，这种物质不能清洗掉。这种物质可以通过两种方法去除：使用清洗剂用力快速摩擦钻石，或者把钻石放在硫酸中小心地煮沸。如果是亭部覆膜的已经镶嵌好的钻石，用清洗剂擦洗是不可行的，采用硫酸清洗是唯一的方法（*但是请注意：使用硫酸是非常危险的，必须由有经验的人进行操作。我不用过分强调这个实验的危害*）。

这种技术使用得并不普遍，但是用这种方法处理的钻石也值得我们注意。

用化学物质给钻石覆膜，并在实验箱中烘烤加速结晶 这种技术也是通过中和钻石的黄色来提升钻石的色级。通过多次的超声波清洗（可以对表面膜产生磨损）最终可以去除钻石的表面膜。去除表面膜更加快速的方法是把宝石放在硫酸中煮沸，当然这种方法也更加危险。

处理过的宝石必须注明“处理钻石”，价格相应地也会变化。不幸的是，大多数时候钻石经过多次转手，它们被处理（经过辐照或电子轰击）的事实已经被人们有意或无意地忘记或者忽视。钻石的颜色是天然的还是通过人工处理产生的可以用光谱测试检验出来，宝石检测实验室都会提供这样的检测（见附录）。但不是所有的珠宝鉴定师都会使用光谱测试，而且有些彩色钻石需要非常精密的测试仪器，很多实验室不能提供这样的条件。如果您找到的珠宝鉴定师不具备这样的技能或者没有这样的设备，就需要把钻石拿到像GIA实验室那样的检测机构进行测试。美国的珠宝商出售的大多数彩色钻石都会附有GIA出具的钻石报告。

通过表面覆膜形成的彩色钻石

随着对稀有、美丽的彩色钻石的需求和价格的不断提高，我们现在发现通过表面覆膜产生颜色的人工彩色钻石进入了市场。因为对于无色钻石，表面覆膜产生的颜色不是永久的；颜色可以最终恢复到钻石本身的颜色。

根据想要的颜色不同，覆的膜也会不同。虽然可以通过覆膜整颗钻石或钻石的腰围部分，从而使颜色得到改善甚至完全改变，但通常这种方法会用在钻石底部（亭部），因为这样更难检测到。只要您知道了这颗钻石的颜色变化是通过表面覆膜处理产生的而且不是永久性的，钻石的价格又与它本身的价值相当，那么购买覆膜钻石也是可以的，但是这种情况是很少的，大多数人是在不了解的情况下支付了过多的钱购买这种所谓的“彩色”钻石。

因为彩色钻石通常都会附有主要宝石测试实验室出具的报

告（证书），所以您要对所有没有证书的彩色钻石存有疑问，并把它们拿到珠宝鉴定师那里进行验证。珠宝鉴定师用硬质合金针一划就可以轻易地检测出大颗粒的表面覆膜彩色钻石，但是群镶的小颗粒覆膜彩钻就没有那么容易了。

市场上彩色钻石最大的问题就是很多用在群镶首饰上的彩色钻石都是经过表面覆膜处理的。这些钻石会被直接当作彩色钻石销售，价格虚高，特别是当珠宝首饰上面包含粉色、蓝色和艳黄色的钻石时。我建议把购买的群镶彩色钻石的首饰拿到实验室去验证彩色钻石的颜色是不是天然的，如果不是，还需要确定钻石的处理方法。如果钻石的颜色是通过高温高压处理、辐照处理或两种方法的结合，钻石的颜色就是永久的，那么这些彩色钻石的价格仍旧昂贵。如果是通过表面覆膜产生的颜色，价格就要另当别论了。

错误的颜色分级

颜色分级中出现错误可能是无意的（由于训练或经验不够，或者就是不仔细），也可能是有意的。购买附有颜色分级数据的分级报告（或证书）的钻石更加安全。很多珠宝公司的钻石都会附有钻石分级报告，由 GIA 出具的报告在美国是流通最广泛的。通常情况下具有证书的钻石每克拉的售价会高一点，但是它同时给普通消费者提供了一种保障，而且如果您将来打算售出钻石的话也是一份可靠的证明。

净度改善和隐藏缺陷

净度改善

要警惕钻石经过净度改善的可能性。最常用的两种方法是激光处理和裂隙充填。在这两种情况中，那些明显的暗色包裹体或裂隙（有些时候甚至非常清晰），常常被隐藏起来或者变得不那么明显（这些改善方法见第二部分第 7 章）。要记得问清楚钻石是否经过激光处理或者充填。只要您接受这样的钻石，付的价格也合适，那么经过净度改善的钻石也是一个挺吸引人的选择。

隐藏缺陷

钻石的缺陷在镶嵌时可能会被隐藏起来。一个好的宝石镶嵌师会利用这种方式把宝石可见的不完美尽可能地隐藏起来，所以，在腰部和近腰部有缺陷的钻石的级别会比在中心有缺陷的钻石高一点；因为绝大多数的镶嵌都会遮盖钻石的腰部，在这种位置，瑕疵就没那么明显。确实，镶嵌可以掩盖缺陷。

只要镶嵌的钻石的特征已经被表述清楚，这里就不存在任何的欺骗。唯一危险的是消费者和珠宝商都不知道镶嵌后的钻石隐藏着的不完美。

隐藏会改变珠宝的价值吗　除了 FL 和 IF 级别外，大多数钻石镶嵌掩盖很小的瑕疵并不会显著影响价格。但是对于 FL 或 IF 和 VVS_1 级别的钻石就有很大的价格差。把一个小的瑕疵或包裹体用镶嵌隐藏起来，可以使一颗 VVS_1 的钻石变成 FL 级别的钻石，这样就会对这件珠宝的价格产生很大的影响，特别是镶嵌的钻石拥有特别好的颜色时。因此，FL 或 IF 级别的钻石都应在没有镶嵌的条件下观看。

钻石的证书

今天，大多数的 1 克拉或超过 1 克拉的钻石在镶嵌前都会被送到著名实验室，如 GIA 或者美国宝石实验室，仔细地评估，并出具钻石分级报告。这份报告不仅会证明钻石是否天然而且会对钻石进行描述，还会提供诸如颜色分级、净度分级、重量、切工和比例等方面的重要信息。如果您想购买 1 克拉或超过 1 克拉的较优质的钻石，但是这颗钻石未附带证书，我建议您在购买前要求珠宝商把这颗钻石拿到 GIA 或其他著名实验室进行评估。您应该这样做，即使这样意味着要把镶嵌好的钻石拆卸下来，分级后再重新安装。考虑到在较高的等级可能出现的分级失误而出现的价格差，我相信这个过程造成的不便和花费是值得的。不幸的是，信任附有证书的钻石也使得调换钻石和假冒这样的事情增多。这就是我们要找一位有权威认证的珠宝学家——评估师去检测钻石和相应证书的最令人信服的理由（见第四部分第 21 章）。

篡改证书

有时证书可能会出现信息篡改的情况，例如，净度和色级的篡改。如果您对证书上的任何信息有疑问的话，可以致电实验室，给他们证书的编号和日期，这样您就能确认证书上的信息。

仿冒 GIA 证书和其他不存在的实验室出具的证书

不存在的实验室出具的证书已经逐渐变为一个常见的问题，因为这是他们不使用仿冒的 GIA 证书时使用的方法。美国一家主要的钻石经销商前不久因为在网上出售附有仿冒的 GIA 钻石分级报告的钻石而被起诉。售卖的附有令人印象深刻但实际上不存在的实验室出具的彩色钻石“证书”的钻石也越来越多。如果钻石的证书不属于任何一家著名的实验室（见附录），就应该仔细核对。这个地区有名望的珠宝商是否听说过这家实验室？工商管理局（美国称为商业改进局 Better Business Bureau）是否收到过关于这家实验室的投诉？如果这个实验室看似合法，可以致电以确认证书上的信息。如果一切都属实，您大概就可以放心了；否则，就需要去找其他的珠宝鉴定师和著名的实验室进行检查。

一些珠宝商不同意把在不怎么知名的实验室检测过的钻石再拿到知名实验室复检，可能因为他们自己就是这些钻石的受害者，又或者这颗钻石本身的价值不值得特意去做测试。在这种情况下，您可以委托珠宝商把钻石拿到其中一家著名的实验室检测。今天很多的珠宝商都乐于提供这项服务。如果他们不愿意，那您就要在对这颗钻石的欲望、对这家珠宝商的信任程度和可以承担的金钱风险之间做出选择。

调换报告上所描述的钻石

在一些情况下，分级报告是可信的，但钻石已经被调换。为了保护消费者和实验室，一些实验室采用了一些巧妙的技术来防止调换的发生。例如，“宝石印象”就是应用激光技术将每颗钻石独一无二的反射光图案的图像记录下来。记录下来的图案就像钻石的一个电子“影像”，可以起到鉴定的作用（见第三部分第17章）。此外，GIA和其他实验室会把证书的编码刻到钻石的腰棱上，这个编码只有在放大的条件下才能看到。这样做，我们就能简单地通过对照证书编码确定钻石是否和它的证书相匹配了。这项服务会收取额外的费用。

如果没有这些标志，另一个检查钻石是否被调换的办法就是比较钻石和证书上记录的钻石的重量和尺寸。在证书没有被修改的情况下，如果钻石的尺寸和重量完全对应，那么钻石被调换的可能性就很小。但是联络实验室以确认报告的细节永远是最明智的，要二次确认所有的信息。如果测量的信息不符，包裹体或瑕疵的种类和位置可以帮助您确定钻石的证书是否被篡改。钻石的尺寸可能不同，比如钻石产生了缺口或碎裂因此被重新切割和抛光，在这种情况下，要请珠宝鉴定师把钻石放在放大镜下来确定钻石内部的特征。

不幸的是，镶嵌好的钻石很难获得精准的测量信息从而进行比较。在这种情况下，如果钻石有任何让人疑心的地方，您购买这颗钻石都会有风险，除非这个卖家允许您把钻石从首饰上拆下来，把宝石和证书都拿到专业的珠宝鉴定师那里做测试。这种操作需要如果这颗钻石与证书不符可以在一定的时间内把钻石归还的书面同意书。

在这种情况下，为了您自己和珠宝商的财产安全，都需要对信息确认无误。珠宝商需要在消费单据和备注上面注明钻石尽可能精确的测量信息：直径、长度和宽度、深度和重量。这是为了确保您不会因为在离开商店后调换钻石而被起诉，如果发生这样的情况，您就可以把标有钻石信息的单据拿出来。

远离“便宜货”——避免昂贵的失误

首先要做好准备工作，您要知道看钻石看什么和要问什么问题。记住我介绍给您的四个步骤，然后在购物的过程中要仔细，而且要比较由几家有信誉的珠宝商所提供的钻石。这个过程给了您机会去更清晰地了解什么样的东西值什么样的价钱是合理的，去判断是否真的是“这个价钱太好了，以至于不敢相信是真的”，而且最重要的是，知道哪家珠宝商给出的价格更加公道。

没有人会放弃一颗有性价比的宝石。这里很少会出现“意外的收获（捡漏）”，而且即便真的出现了也几乎没有人能意识到。

这是钻石还是钻石仿品

您怎么确定一颗宝石是不是钻石？就像我已经多次强调过的，除非您是一位专家，或者可以向一位专家咨询，否则您就不能确定一颗宝石是不是钻石。不过，这里有一种可以快速、简单鉴定大多数钻石仿品的方法，我们需要几样东西来辅助。

通过这个钻石您能看到报纸上的字吗　如果是标准圆钻形的，无论是裸石还是镶嵌好的，都可以通过把钻石台面朝下放在报纸上，检查能否通过钻石看到报纸上的字体。如果可以看到，就不是钻石。光线在真正的钻石中会发生全反射，是不会让您透过钻石看到报纸上的字体的。

钻石会用胶水粘在镶嵌的底座上吗　钻石很少会采用这种方法镶嵌。如果是粘着的，很可能就是莱茵石（水钻）。

钻石是开放式镶嵌还是封闭式镶嵌　通常钻石都会采取开放式镶嵌，方便观察亭部的比率。一些古董珠宝上的玫瑰琢形或者单琢形钻石，还有今天一些顶级的定制设计可能会采用封闭式镶嵌。对于其他的，如果首饰采用了封闭式镶嵌，那么它镶嵌的就可能是莱茵石。采用这样的方法就会把钻石背面用来产生更强的闪烁度的银箔遮掩起来。

不久前一位年轻女士打电话，问我能否帮她检测一枚她从祖母那里继承的古董钻石戒指。她提到了在清洗中，这个首饰上的两颗钻石中的一颗掉了下来，而且在钻石的镶嵌位置看到了她描述为“小镜子”的东西。她问“这是不是很奇怪？”当然她的话马上就引起了我的怀疑，在检查这件首饰后，我的怀疑就被证实了。

当我看到这枚戒指时，我马上就明白了为什么这位女士认为它是一件传家宝。这枚戒指非常漂亮，设计也很经典。上面的两颗“钻石”看上去每一颗都有 1 克拉重。这枚戒指的衬托使用了精致的铂金掐丝工艺。这个衬托的设计在这位女士祖母的时代很常见，但是工艺使得我们不能从戒指的边部观察镶嵌的宝石。我们只可以看到宝石的顶部和精致的铂金工艺。此外，宝石的背面并没有完全被封，正因为如此，留有的一个圆形小洞很容易就会让我们认为这是一枚真正的钻石戒指，就像那个时代大多数的钻石仿品一样。戒指上镶嵌的宝石看上去就是拥有良好比例“老矿琢形”和颜色的“钻石”。但是掉下来的那颗“钻石”还牢牢地黏附着一些“黏浆状的东西”，并且缺少钻石的火彩和光泽。

这枚戒指是长久以来我见过的最精致的仿品。“钻石”的切割和比例都很完美，戒指衬托的材料是贵金属且工艺精致，宝石由非常小的爪固定，这在当时是非常典型的优秀设计。但是在衬托内，宝石背部的位置存有银箔。这就证明了这些宝石不是真正的钻石，而是贴箔的玻璃。

银箔是用来制造“钻石”的一种非常有效的材料，它起到了镜子的作用，可以反射光线，使宝石看上去更加闪耀和生动，就像是真的钻石一样。箔层把宝石背部的刻面变成了一个个小镜子，给宝石的刻面附上了金属膜。然后再把这些“宝石”镶嵌起来，这样它们的背面就被藏起来了。

这是一个悲剧，但是又很常见。我不知道今天还有多少这样的戒指存在，但是有5%左右的古董珠宝镶嵌的宝石都是假的。从文艺复兴时期威尼斯人的玻璃制作工艺成熟开始，好的玻璃仿品（经常被称为“粘贴宝石”）一直都有。不幸的是，自古以来骗局也一直在我们周围。不能因为一件东西是“古董”或者是“家传的”就相信这件东西是“真的”。

在宝石的冠部可以看到多少个面　如果是骗人的玻璃仿品，冠部就只能看到9个面，而在真正的钻石或者好一点的仿制品的冠部可以看到33个面。单反火琢形和瑞士琢形（见第二部分第5章）的钻石在冠部也只有9个面，但采用开放式的镶嵌，宝石的背面可见。而便宜的玻璃仿品会采用密封式镶嵌。

宝石的腰棱呈磨砂状　大多数钻石的腰棱是不抛光的，呈现出磨砂玻璃一样的外观。一些钻石仿制品也会呈现这样的磨砂外观，但是钻石的腰部是最白的，像是干燥、洁净的磨砂玻璃。另一方面，有些钻石也有抛光腰和刻面腰，因此不会呈现出磨砂状。通过咨询可靠的珠宝商关于抛光腰、磨砂腰和刻面腰之间的区别，您就可以学会区分它们。

切工是否对称　因为钻石如此昂贵，对称性对于钻石整体的外观和美丽来说是非常重要的。钻石上的每个面都会严格对称，但是钻石仿品的对称性可能就会降低。例如，某种仿品的8个风筝面（也被称为侧斜面）可能会出现侧面棱线未完全相交于一点，顶部或底部小面上也可能出现这种情况，出现一条短线而不是一个点。这些粗糙的面就可能是仿品的重要暗示，因为这暗示了切割师并没有认真对待这颗“宝石”。但是需要注意的是，一些级别较低或者切割较早的钻石也可能出现这种做工马虎的刻面。

宝石的亭部和冠部是否中心对齐　尽管有时钻石会出现轻微的冠部中心和亭部底尖未对齐的情况，但是仿品出现这种情况的概率更高，而且偏离情况更严重。

刻面棱线或者刻面是否有划痕、缺口或者磨损　作为钻石仿品的一些宝石很软或者易碎，例如锆石、钆镓榴石（GGG，一种人造钻石仿品）、钛酸锶（一种人造的钻石仿品，也被称为惠灵顿钻石）和玻璃等，因为它们的硬度不够，这些仿品很容易就会被磨损。我们可以检查刻面或棱线上的划痕或缺口。刻面棱更易受损伤，更容易看到划痕或缺口，所以先从检查刻面棱开始，然后检查平面上的划痕。检查面积最大的刻面和镶爪附近的区域，镶嵌师在镶嵌的过程中可能会在这些区域不小心留下划痕。

锆石，这种在自然界产出的宝石经常会和立方氧化锆（CZ），一种人工合成的宝石弄混。锆石相对较硬但是易碎，佩戴几年的由锆石制作的珠宝，在这种宝石的边棱经常可以看到破裂。玻璃和钛酸锶在处理和佩戴过程中也很容易出现划痕。此外，钛酸锶的火彩和钻石也有所不同，它会呈现比钻石更强的火彩和更强的蓝色光。

此外，有了敏锐的眼睛和放大镜的帮助，您可以检查这些仿制品刻面相交的位置。因为钻石是世界上最硬的物质，钻石的边棱会非常尖锐。大多数的仿制品，因为硬度较低，最后的抛光过程会让边棱变得圆滑，不再那么锋利。

另外一些钻石仿制品会相对耐久，不易受到严重磨损。包括无色的合成尖晶石、无色的合成蓝宝石、无色水晶、钇铝榴石（YAG，人造宝石）和立方氧化锆。尽管这些材料在日常的佩戴和磨损中也会产生划痕和破碎，但是数量不会那么多，也没有那么明显。

立方氧化锆

立方氧化锆是迄今最好的钻石仿品，甚至一些珠宝商也曾误把立方氧化锆当作钻石。在它出现后不久，很多华盛顿知名的珠宝商发现他们之前购买的 1 克拉钻石变成了立方氧化锆。骗子的手段非常高明。当时一对穿着高贵的夫妇来到了售卖钻石的柜台，要求看一些 1 克拉圆钻形切工的裸钻。因为他们的穿着打扮和良好的教养，珠宝商降低了戒心。这对夫妇没有购买钻石，但是承诺会回来，然后就离开了。当珠宝商整理他们的货品时发现，有些货品出现了问题。经过仔细检查后，珠宝商发现那对夫妇把真正的钻石带走了，留下了立方氧化锆做替代。

立方氧化锆几乎和钻石一样闪耀，甚至火彩更加强烈（强烈的火彩掩盖了一些它的光泽），而且硬度相对较高，这给了立方氧化锆很好的耐久性和耐磨损性。如今生产出来的立方氧化锆有很多种颜色，红、绿、黄等。如果觉得买钻石是个比较大的负担的话，立方氧化锆给我们提供了一种很好的钻石替代品选择，可作为彩色或者无色宝石镶嵌在首饰上。

但是您一定要确定自己购买的到底是什么。例如，您看到了一枚漂亮的点缀了钻石的紫水晶或者蓝宝石戒指，要问清楚卖家无色的宝石是不是钻石。如果您打算制作自己的珠宝套装，您可能就会考虑使用立方氧化锆，并让您的珠宝商为您订购。立方氧化锆可以制作出适合每天佩戴，又不需要担心丢失的漂亮珠宝。

如果您有一颗立方氧化锆怎么辨别

我之前说过的一些方法也许可以帮助您检测立方氧化锆。下面的内容可以帮助您消除剩下的疑惑。

如果这是一颗裸石，就需要对其称重　如果您对钻石的尺寸很熟悉或者有卡尺（不到 10 美元就可以买到一个），就可以用尺寸估计钻石的重量。裸石的重量可以用天平测量，大部分的珠宝商都会有。如果这是一颗真的钻石，您就能知道它应该有多重。如果根据宝石的尺寸所估的重量或测得的重量比同大小的钻石重得多，这就不是钻石。同样的尺寸，立方氧化锆要比钻石重75%左右，例如，一颗1克拉钻石大小的立方氧化锆的重量是1.75克拉，一颗和25分钻石同样尺寸的立方氧化锆重约44分。

看宝石的腰部　如果宝石的腰部是粗磨的，轻微湿润的暗白色或者油浸的磨砂玻璃感觉都寓示这是立方氧化锆。然而，很可惜，从粗磨腰部的外观来区分立方氧化锆和钻石需要丰富的经验。

用硬质合金材质的针测试宝石　尖的硬质合金材质的针可以在立方氧化锆表面留下划痕，它可以在大多数的珠宝首饰工具店以不超过15美元的价格买到。把针尖垂直于宝石刻面（台面是最容易的），然后在表面刻画，就会留下划痕。但是您不可能在一颗钻石上面留下划痕，除非用另一颗钻石刻划它。但是要理智考虑的是，您不能随意在不属于您的商品上刻划，尤其是在珠宝商或者销售员没有明确声称售卖的商品是钻石的情况下。

检查裸钻或镶嵌好的钻石荧光　很多立方氧化锆和钻石都会产生荧光，但是荧光的颜色和强度是不一样的。

用电子钻石测试仪测试钻石　这里有口袋大小的低于175美元的钻石测试仪，它会告诉您这是不是一颗真正的钻石。如果您根据说明使用它，这种仪器操作便捷而且相对可靠。如果您拿着的不是钻石，大多数测试方法不能告诉您它到底是什么材质；它只能证明所检测物体是不是钻石。

如果经过了这些测试后您还有疑问，就把宝石拿到有专业实验测试设备的珠宝鉴定师那里进行验证。

合成莫桑石——一颗闪耀的新星

一种叫作莫桑石的新的钻石仿制品在市场上销售，实际上它应该叫作合成莫桑石，因为这种在珠宝店销售的宝石不是天然产出的，而是在实验室中合成的。它的化学成分是碳硅石，用发现它的法国科学家亨利·莫桑的姓命名。有些广告把它形容为一种自然界中最稀少的宝石，但是天然产出的莫桑石又不能达到宝石级，只以显微级包裹体的形式出现。

它的问世引起了反响，因为莫桑石骗过了大多数的电子钻石测试仪（用测试热的传导速度来判断）。测试时，测试仪出现的是钻石的反应，因此很多人就觉得人们不能把莫桑石和钻石区分开，但是事实并不是这样的。莫桑石有很多特性可以帮助我们快速地把它和钻石区分开来。虽然如此，现代或古董首饰上的合成莫桑石也被当成了钻石，也出现过很多珠宝商用合成莫桑石把原来的钻石替换掉的案例。珠宝鉴定师能够快速地通过几个简单的测试区分钻石和合成莫桑石，大多数情况下只使用 10 倍放大镜就可以了。还有一种新型的钻石测试设备也可以快速地区分二者。

合成莫桑石的密度比钻石低一点，所以对于裸石来说，称重是一个能够快速把它和钻石区分开的方法。尽管莫桑石没有钻石硬，但是会强于立方氧化锆，甚至高于红、蓝宝石，这就意味着莫桑石是一种很耐久的材料，抛光后可以呈现出很好的效果。莫桑石的光泽和火彩比钻石和立方氧化锆都要强。与立方氧化锆相比，莫桑石的价格要高出许多，接近于类似钻石价格的十分之一。

合成莫桑石具有独特的外观，对于那些喜欢新奇独特的人来说是一个很好的选择。但作为一种钻石仿品，鉴于莫桑石昂贵的价格，以及立方氧化锆的外观实际上更接近钻石，只有时间能告诉我们莫桑石是否能够取代立方氧化锆成为21世纪的钻石仿品。

钻石与相似品的区别对比

宝石的名称	硬度（莫氏硬度1~10）1=最软 10=最硬	透光可读性*（线条实验）	色散的程度（火彩，火彩中出现的颜色）	耐磨损性
钻石	10（自然界中存在的最硬的物质）	不能，如果切工良好	高。火彩多且灵动	完美
合成立方氧化锆	8.5（硬）	模糊	很高。火彩多	很好
钆镓榴石	6.5（较软）	适中	高。几乎和钻石一样	一般。容易产生划痕，不适合佩戴，日光下带有棕色调
玻璃	5~6.5（软）	非常清晰	多变根据玻璃的质量和切工由低到高变化	差。极易产生划痕，破损和严重磨损
钛酸锶	5~6（软）	不能，如果切工良好	非常高（比钻石强很多）。有很多蓝色的火彩	差。会产生划痕，不适合佩戴

续表

宝石的名称	硬度（莫氏硬度 1~10）1= 最软 10= 最硬	透光可读性★（线条实验）	色散的程度（火彩，火彩中出现的颜色）	耐磨损性
合成莫桑石	9.25（非常坚硬）	不能	非常高。比钻石强很多，比合成立方氧化锆要强	完美
合成金红石（有黄色调）	6.5（软）	不能	非常高。很多火彩，但有强黄色调	差。容易产生划痕和磨损
合成蓝宝石	9（很硬）	非常清晰	很低。不灵活或火彩的颜色不明显	很好
合成尖晶石	8（硬）	非常清晰	低。不灵活	很好
钇铝榴石	8.5（硬）	清晰	很低。几乎看不到火彩	好
锆石	7.5（中等硬度）	适中	好。火彩灵活	一般。坚硬，但是易碎，所以和其他比它硬度低的宝石一样极易磨损

★这个方法——通过宝石可以看到字体的难易程度——只适用于标准圆钻形切割的宝石（尽管有时对橄榄形和一些花式切工的宝石也有效）。

第 11 章 无色钻石的价格比较

人们通常都想给复杂的问题寻找简单的答案。很多人都想根据钻石的大小，列出钻石的级别和相应的价格那种简单的表格。不幸的是，市场是在不断变化的，而且最重要的是，只有专业人士才能够察觉到钻石质量的微小差异引起的巨大的价格差。因此，对于这个复杂的问题不能给出一个简单的答案。

但是这并不意味着我不能给您提供一些指导，帮助您理解决定钻石价值的四个主要因素中每个的相对作用。下面的图表并不打算作为您在珠宝店购买钻石时的硬性价格，但是它们应该能起到价格指导的作用，您可以在这个价格的标准上添加更多反映市场变化的现实因素。请记住这些价格都是裸石的价格。镶嵌精致和定制设计的珠宝的价格会在此价格基础上大幅增加。

下面几页给出的钻石价格之间差别很大，您需要仔细检查钻石报价。如果价格太低了，一定要找一位珠宝鉴定师或者一家珠宝评估机构去检查钻石的质量是不是卖家所说的那样。如果价格太高了，要多和几家商店做比较，最后确定给出价格最好的商家。

这里提供的价格指的都是切工比例级别为好的钻石。切工比例为完美的钻石售价会高一些，切工比例差的钻石的售价则更低。花式切工的钻石（不是标准圆钻的琢形）的价格通常会比标准圆钻切割的钻石低 5%~15%。但是，如果是一颗琢形特别受欢迎的钻石，它的价格也会比标准圆钻形要高。

最后，在以本章末表格提供的价格为基准前，确定您已经了解了钻石分级报告上的信息。根据影响钻石质量和价格的微小因素，这些知识能帮助您调整钻石的价格。最后，如果您考虑购买一颗钻石，要确定已经把这颗钻石的信息找专业的珠宝评估师核对过了。

圆形明亮琢形钻石的零售价格表 *

请注意，由于净度和色级不同会导致同种尺寸钻石间巨大的价格波动，以及不同尺寸钻石之间不成比例的价格跃迁。此处提供的价格表仅用于参考。

细体字代表克拉价。

粗体字代表每粒钻石的价格，单位是美元。

0.75 克拉		颜色级别							
		D	E	F	G	H	I	J	K
净度级别	IF†	15400	11200	10400	9200	8200	6740	6075	5625
		11550	**8400**	**7800**	**6900**	**6150**	**5055**	**4550**	**4220**
	VVS_1	11850	10000	9000	8000	7400	6600	5625	5400
		8890	**7500**	**6750**	**6000**	**5550**	**4950**	**4220**	**4050**
	VVS_2	9600	9000	8200	7400	6800	6525	5400	4725
		7200	**6750**	**6150**	**5550**	**5100**	**4890**	**4050**	**3540**
	VS_1	8300	8000	7600	7000	6500	6070	5175	4500
		6225	**6000**	**5700**	**5250**	**4875**	**4550**	**3880**	**3375**
	VS_2	7600	7000	6875	6750	6300	5850	4725	4275
		5700	**5250**	**5150**	**5060**	**4725**	**4390**	**3540**	**3200**
	SI_1	6400	6200	6075	5850	5400	5175	4500	4050
		4800	**4650**	**4550**	**4390**	**4050**	**3880**	**3375**	**3040**
	SI_2	6300	6075	5500	5175	4950	4610	4275	3825
		4725	**4550**	**4125**	**3880**	**3710**	**3460**	**3200**	**2870**
	I_1	4275	4050	3825	3600	3480	3375	3150	2750
		3200	**3040**	**2870**	**2700**	**2610**	**2530**	**2360**	**2060**

* 价格来自宝石世界国际有限公司（Gemworld International, Inc.）汇编的《钻石价格指南》，并调整成零售价。

† 高色级的 FL 和 IF 钻石会有极小的价格差，D~F 色的钻石价格会高 5%~8%，G~J 会高 1%~2%，低色级（低于 J 色）的钻石没有价格差。

0.9~0.99克拉	颜色级别							
净度级别	D	E	F	G	H	I	J	K
IF[†]	19190	17220	15840	12600	11200	8200	7000	6300
	17270	**15500**	**14260**	**11340**	**10080**	**7380**	**6300**	**5670**
VVS_1	16200	15900	14400	11600	10000	8000	6800	6075
	14580	**14310**	**12960**	**10440**	**9000**	**7200**	**6120**	**5470**
VVS_2	14800	13300	12480	9900	9000	7600	6600	5850
	13320	**11970**	**11230**	**8910**	**8100**	**6840**	**5940**	**5265**
VS_1	10400	9800	9700	9000	8000	6800	6400	5625
	9360	**8820**	**8730**	**8100**	**7200**	**6120**	**5760**	**5060**
VS_2	10160	9450	9000	8000	7500	6400	5800	5400
	9140	**8500**	**8100**	**7200**	**6750**	**5760**	**5220**	**4860**
SI_1	8800	7720	7500	7400	6700	6000	5600	4950
	7920	**6950**	**6750**	**6660**	**6030**	**5400**	**5040**	**4460**
SI_2	7000	6790	6760	6400	5800	5700	5400	4500
	6300	**6110**	**6080**	**5760**	**5220**	**5130**	**4860**	**4050**
I_1	5400	5175	4950	4725	4500	4275	4050	3600
	4860	**4660**	**4460**	**4250**	**4050**	**3850**	**3650**	**3240**

[†] 高色级的 FL 和 IF 钻石会有极小的价格差，D~F 色的钻石价格会高 5%~8%，G~J 会高 1%~2%，低色级（低于 J 色）的钻石没有价格差。

1克拉		颜色级别							
		D	E	F	G	H	I	J	K
净度级别	IF†	36860	25270	22040	16240	13960	11800	10300	8400
		36860	**25270**	**22040**	**16240**	**13960**	**11,800**	**10300**	**8400**
	VVS_1	26790	22230	19760	15600	13000	11060	9700	8000
		26790	**22230**	**19760**	**15600**	**13000**	**11060**	**9700**	**8000**
	VVS_2	23560	19350	18900	14840	12160	10000	9340	7700
		23560	**19350**	**18900**	**14840**	**12160**	**10000**	**9340**	**7700**
	VS_1	17800	15500	14400	12800	10600	9280	8400	7300
		17800	**15500**	**14400**	**12800**	**10600**	**9280**	**8400**	**7300**
	VS_2	13700	12500	11840	10900	9600	8400	7200	6600
		13700	**12500**	**11840**	**10900**	**9600**	**8400**	**7200**	**6600**
	SI_1	10940	9900	9600	9300	8450	7880	6760	6200
		10940	**9900**	**9600**	**9300**	**8450**	**7880**	**6760**	**6200**
	SI_2	9300	8900	8000	7800	7500	7050	6500	6190
		9300	**8900**	**8000**	**7800**	**7500**	**7050**	**6500**	**6190**
	I_1	7000	6750	6525	6300	5625	5175	4950	4725
		7000	**6750**	**6525**	**6300**	**5625**	**5175**	**4950**	**4725**

† 高色级的 FL 和 IF 钻石会有极小的价格差，D~F 色的钻石价格会高 5%~8%，G~J 会高 1%~2%，低色级（低于 J 色）的钻石没有价格差。

2克拉		颜色级别							
		D	E	F	G	H	I	J	K
净度级别	IF[†]	57600	46800	45360	30210	23370	20520	17800	13600
		115200	**93600**	**90720**	**60420**	**46740**	**41040**	**35600**	**27200**
	VVS_1	49500	44460	41990	29260	21660	19700	16200	13200
		99000	**88920**	**83980**	**58520**	**43320**	**39400**	**32400**	**26400**
	VVS_2	47310	39710	35530	26410	19570	19000	15800	12800
		94620	**79420**	**71060**	**52820**	**39140**	**38000**	**31600**	**25600**
	VS_1	38760	33060	29260	22990	19000	17200	14400	11800
		77520	**66120**	**58520**	**45980**	**38000**	**34400**	**28800**	**23600**
	VS_2	26220	25650	24510	21850	18200	15400	14000	11000
		52440	**51300**	**49020**	**43700**	**36400**	**30800**	**28000**	**22000**
	SI_1	20710	19610	18810	18200	16500	14400	11800	10000
		41420	**39220**	**37620**	**36400**	**33000**	**28800**	**23600**	**20000**
	SI_2	17280	17000	15680	14600	14200	13400	11000	9400
		34560	**34000**	**31360**	**29200**	**28400**	**26800**	**22000**	**18800**
	I_1	10400	10200	10000	9600	8600	8400	7800	7000
		20800	**20400**	**20000**	**19200**	**17200**	**16800**	**15600**	**14000**

[†] 高色级的 FL 和 IF 钻石会有极小的价格差，D~F 色的钻石价格会高 5%~8%，G~J 会高 1%~2%，低色级（低于 J 色）的钻石没有价格差。

3克拉		颜色级别							
		D	E	F	G	H	I	J	K
净度级别	IF†	125100	90360	69480	52020	43890	30590	24700	19380
		375300	**271080**	**208440**	**156060**	**131670**	**91770**	**74100**	**58140**
	VVS_1	97920	83340	68850	48960	41610	29830	23940	18810
		293760	**250020**	**206550**	**146880**	**124830**	**89490**	**71820**	**56430**
	VVS_2	84420	63000	58500	47520	35910	28690	23180	18050
		253260	**189000**	**175500**	**142560**	**107730**	**86070**	**69540**	**54150**
	VS_1	63360	52650	48420	41610	34010	25270	21030	17400
		190080	**157950**	**145260**	**124830**	**102030**	**75810**	**63100**	**52200**
	VS_2	48600	45720	40470	35110	26980	21470	19000	15200
		145800	**137160**	**121410**	**105340**	**80940**	**64410**	**57000**	**45600**
	SI_1	32680	30210	25270	22990	19570	18600	16200	14000
		98040	**90630**	**75810**	**68970**	**58710**	**55800**	**48600**	**42000**
	SI_2	20200	19600	19000	17800	16800	16600	14400	12400
		60600	**58800**	**57000**	**53400**	**50400**	**49800**	**43200**	**37200**
	I_1	13400	12200	11800	11200	10600	9800	8600	8200
		40200	**36600**	**35400**	**33600**	**31800**	**29400**	**25800**	**24600**

† 高色级的 FL 和 IF 钻石会有极小的价格差，D~F 色的钻石价格会高 5%~8%，G~J 会高 1%~2%，低色级（低于 J 色）的钻石没有价格差。

老欧洲琢形钻石的零售价格指南 *

价格单位是美元 / 克拉

颜色	0.5 克拉	1 克拉	2~3 克拉
D~F 色级 VVS~VS	6400	12000	19950~28500
SI	4725	9200	13000~17000
I_1	3500	4950	7000~9000
G~H 色级 VVS~VS	5850	9700	17000~26980
SI	4450	7600	12000~15000
I_1	3000	5175	6400~7000
I~J 色级 VVS~VS	4500	7700	13400~15800
SI	3480	6525	9800~11800
I_1	2500	4500	6300~6600
K~M 色级 VVS~VS	3600	5625	8000~10400
SI	3250	4500	6300~7600
I_1	2125	3250	4050~5175

* 价格来自宝石世界国际有限公司汇编的《钻石价格指南》，并调整成零售价。

玫瑰琢形钻石的零售价格指南 *

价格单位是美元 / 克拉

尺寸	克拉	颜色	克拉价
3mm	0.15	H~J K~M	1000~1190 750~940
4mm	0.20	H~J K~M	1625~1875 1250~1500
5mm	0.45	H~J K~M	2125~2375 1625~1875
6mm	0.75	H~J K~M	3750~4500 2500~3750

* 价格由迈克尔・戈尔茨坦有限公司（Michael Goldstein Ltd.）的迈克尔・戈尔茨坦先生（Michael Goldstein）提供。

水滴琢形钻石的零售价格指南 *

下面提供的是普通的，净度 VS~SI 钻石的零售克拉价，

价格单位是美元 / 克拉

重量	棕色	深白兰地色（褐色）	K~M	H~J
0.5 克拉	325~500	625~1000	1250~1875	2200~2875
0.75 克拉	625~825	875~1250	1875~2375	2750~3100
1 克拉	825~1250	1200~1625	2750~3450	3300~3800

* 价格来自宝石世界国际有限公司汇编的《钻石价格指南》，并调整成零售价。

第 12 章　彩色钻石

天然彩色钻石
——多彩的选择

地球上所有的宝石，没有一种能比多彩的天然彩色钻石更加美丽、独特和有吸引力了。彩色钻石中能出现几乎所有的色彩和色调。红宝石的红色、婴儿的粉色、草的绿色和蓝宝石的蓝色，这些颜色的钻石是所有宝石中最为珍贵和稀少的。

天然彩钻给我们提供了多姿多彩的选择。

彩色钻石具有其他的彩色宝石中没有被发现的独特的外观。无论

鲁道夫·弗里德曼（Rudolf Friedmann）设计的叶片状胸针，其使用的干邑白兰地色调的彩钻给人以秋天的色彩感觉。

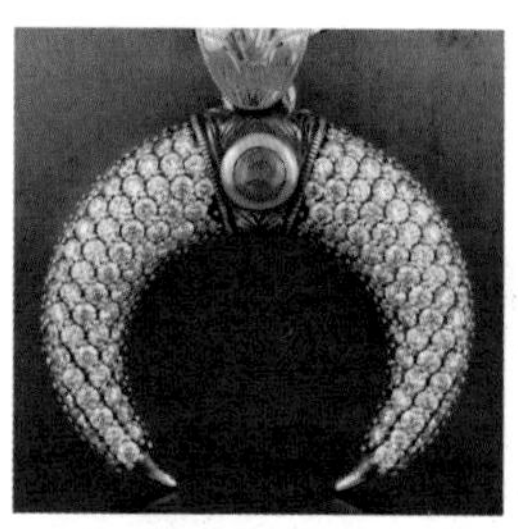

由威廉·特拉维斯·库克维克（William Travis Kukovich）设计的镶钻吊坠，中间为一颗大点的香槟色玫瑰琢形钻石，旁边被小颗粒无色玫瑰琢形小钻群镶包围。

在佳士得拍卖中，镶嵌这颗名为“完美粉色”（Perfect Pink）的粉色钻石的戒指被拍出 4600 万美元。

彩色钻石的体色是什么，其颜色都会被钻石的强色散效应（钻石把折射进来的光线分散成一系列光谱色的能力）所产生的无数其他颜色的光点加深。例如，黄钻的体色是黄色的，但是您也可以在上面看到绿色、蓝色、橙色等颜色的反射光点。钻石的体色结合它的强色散，产生了其他彩色宝石都不具有的强烈的闪烁（火彩）。

彩色钻石中的“棕色”钻石，其颜色从浅米色到白兰地色。这是彩色钻石中最便宜的品种，价格甚至比无色或近无色的钻石还要低，这种钻石曾经因为很常见而不会出现在珠宝首饰中，但是今天它们也被运用在时尚和珠宝设计师的作品中。它们温暖的中性色和炽热的色散创造了一种特殊的吸引力，由于它们比购买其他钻石更实惠，世界各地的珠宝商现在都会展出各种色调的棕色钻石，颜色涵盖浅米色到最深、最丰富的棕色。

什么赋予了彩色钻石的颜色

当我们谈起彩色钻石时，我们一定要记住，我们看到的颜色可以是天然形成的，也可以是颜色不好的钻石经过处理后形成的。

天然钻石的颜色通常是由于钻石内部的微量元素，也有因自然界的辐射或者晶格受到破坏而呈现的。例如，天然黄色钻石由氮原子致色，蓝色钻石由氦或者氢原子致色。由微量元素致色的钻石，通过精密的测试可以确定钻石内部是否含有这些微量元素，这给我们提供了一个鉴定钻石的颜色是不是天然形成的关键信息。

但是绿色钻石的情况就不同了。我们看到的天然绿色钻石的颜色并不是微量元素产生的，绿色钻石的颜色是经过了数千万年的辐射形成的。这就给宝石检测实验室带来一个难题，人类运用现代辐射技术也可以产生绿色钻石。因为在这两种情况下钻石产生绿色的原因都是辐射，所以对于实验室来说鉴定绿色钻石的颜色成因就存在挑战。一些情况下天然绿色钻石具有一些独特的鉴定特征，可以与处理过的绿色钻石区分开来；有时人工处理的绿色钻石也会包含只有经过处理才会出现的特征，但是大多数的绿色钻石缺少可以说明它是天然还是处理钻石的有效证据。在这种情况下，实验室出具的报告中就会说明现在的宝石学数据不足以鉴定宝石颜色的形成条件。这就只能指望未来经过深入研究和技术革新后，得到新的数据能够给鉴定绿色钻石颜色的形成条件提供帮助。

温斯顿蓝（the Winston blue），一颗13.22克拉的碧蓝色钻石，在拍卖会上以2380万美元创造了一项新的蓝色钻石拍卖纪录，只是单价稍逊于旁边这颗2015年12月卖出的12.03克拉的碧蓝色钻石。

“约瑟芬的蓝月亮”（the blue moon of Josephine），一颗12.03克拉的内部无瑕碧蓝色垫形切工钻石，创造了拍卖会上所有宝石的每克拉最高单价纪录。

在任何情况下，如果您在考虑一颗天然的绿色钻石，您一定要明白，找到一颗能够被实验室证明颜色是天然形成的绿钻是非常困难的。

幸运的是，宝石检测实验室在一般情况下都能确定彩色钻石颜色的成因，像绿钻这样的只是特例。出于这样的原因，以及钻石颜色成因对于其稀有性和价格的重要影响，我不建议消费者购买没有实验室出具鉴定证书（见附录）的天然彩色钻石，我自己也从来没有买过没有证书的彩色钻石。

评判彩色钻石

斯特恩（H. Stern）首饰公司设计的以费雷德里克·菲凯（Frédéric Fekkai）广告舞动的头发造型为创意源泉设计的钻石渐变项饰，优雅而迷人。

彩色钻石一直以来都受到鉴赏家和收藏家的关注，今天它们吸引了更多消费者的注意。需求和价格都创造了多项新的纪录。如果彩色钻石正是您想要的，一定要花时间尽可能去了解您喜欢的颜色的钻石和它的流通程度。有的颜色的彩钻相比于其他颜色的彩钻数量更多，有些就相对稀少。在购买钻石时，无论这颗钻石的颜色多么稀有，无论别人有多喜欢，多想收藏它，最重要的是确保您自己喜欢它！

同样重要的是要了解彩色钻石的4C标准，特别是颜色的细微差别，以及它们对于彩钻价格的影响，并培养出发现这种重要差别的眼光和能力。对于特别的彩色钻石来说，这种差别不仅影响了这颗钻石的美观度和受欢迎程度，而且严重影响了它的价格。最后，因为绝大多数的彩色钻石都有证书，一定要了解证书上面的信息表示什么意思。

颜色——彩色钻石最重要的因素

尽管4C标准同时适用于彩色钻石和无色钻石，但是在彩

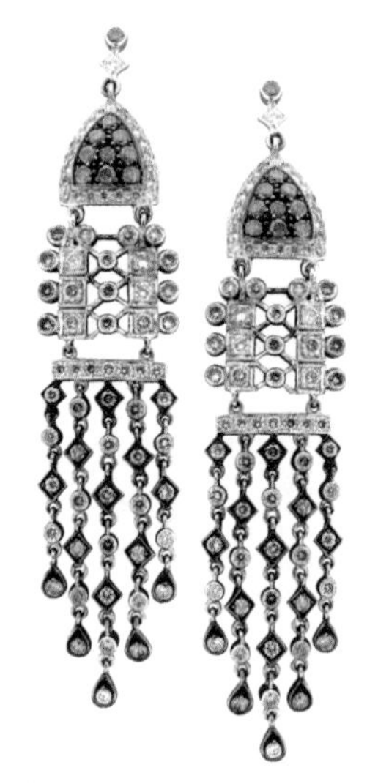

多种色调的黄色钻石增加了这款耳饰的活力感。

色钻石中更多地强调了“颜色”。通常情况下，钻石的颜色越稀有，净度和切工对钻石价值的影响就越小；颜色越普通，净度和切工对价值的影响就越大。除了琢形描述外，很多彩色钻石的报告上面甚至不包括净度分级或者和钻石切工及比例有关的信息。

当评判一颗彩色钻石时，颜色是最重要的因素，因此我们要了解颜色是如何分级的。您必须仔细评估下面的每一项：

· 颜色的纯净度。

· 颜色的浓度（鲜艳度和饱和度）。

· 颜色的均匀程度。

钻石的颜色是不是天然的，颜色的成因是什么，这是至关重要的因素。正如我们之前讲过的，它们会影响整颗钻石颜色和价值的评估。

正确地评估彩色钻石的颜色，一定要正对着钻石，从台面方向观察，就像您欣赏镶嵌在首饰上的宝石一样，这和评价无色钻石的颜色时（见第二部分第 6 章）从台面朝上的方向观察有很大的不同，下面的每一个特征您都要仔细评估。

颜色的纯净度 指的是颜色的种类和其纯净度。以黄

黄色钻石的色调范围可以从非常淡的黄色到浓黄色再到深橘黄色。

色为例，这种颜色的彩色钻石可以被描述为“黄”“橙黄”“棕黄”“褐黄色”等。理解这些词语之间的区别是非常重要的。颜色的最后一个字指的就是色相，另一个字或者临近的词语就是对色相的修饰词。没有任何修饰词就代表钻石的颜色很纯，颜色纯净的钻石非常稀少，具体根据颜色的不同而变化。有些颜色组合的钻石可能比其他颜色组合的钻石更加稀少昂贵，例如“橙黄色”的钻石和“棕黄色”的钻石，

绿褐黄色

褐黄色

绿黄色

雷蒙德·哈克（Raymond Hak）设计的对比戒指，一边的表面处理为铂金拉丝，另一边为无色和黑色小钻群镶，造就一种大胆并很英武的外观。

对于这两种钻石，黄色都是它们的色相，但是因为橙色比棕色稀少，橙黄色的钻石就会比棕黄色的钻石更有价值。

现在我们再来看看“褐黄色的钻石”。它的主色依旧是黄色，带有轻微的棕色。但是，如果我们把词语的顺序调换一下——把褐黄色换成黄褐色——褐色就变成了钻石的主体颜色，并带有轻微的黄色。同样，因为褐色的钻石没有那么稀少，黄褐色的钻石就没有褐黄色的钻石价值高。

我们在考虑彩色钻石时，一定要花时间去了解描述特定色相的术语，一种颜色中出现什么样的色调，以及它们如何影响了钻石的稀有性和价值。

颜色的浓度　指的是颜色的饱和度和鲜艳度。饱和度指的是颜色的强度。例如，纯净的黄色和粉色的钻石，颜色的饱和度是最小的，棕色和蓝色的钻石颜色的饱和度就很高。大多数的彩色钻石都呈饱和度较低的黄色等颜色。除了棕色钻石外，饱和度高的钻石都比较稀少和昂贵。具有红宝石的红色和蓝宝石的蓝色的钻石是所有宝石中最稀有和昂贵的。

鲜艳度是指颜色的深和浅。就是颜色中白色或者黑色的多少（有时棕色和灰色也会影响颜色的鲜艳度）。如果颜色中有太多的白色，那么就会显得太浅或者接近无色；如果颜色中有太多的黑色、棕色或者灰色，宝石的颜色就会显得过深。黑色钻石现在也很流行。黑钻的特点就是不透明，内部有大量包裹体，它们的价格远低于其他的彩色钻石。值得注意的是，在今天，黑钻越来越多地被设计师应用在他们的产品上。还有，不能混淆“白”钻和“无色”钻石的概念。白钻非常稀有，但它们通常呈奶状或者雾蒙蒙的，这样就降低了它们的流行程度和价值。

大多数的彩色钻石报告会用类似于下面这些术语来划分颜色的浓度：

· 微弱（faint）

· 很浅（very light）

· 浅（light）（对于黄色和棕色钻石来说，前面这三种不作为真正的色彩划分，而指的是无色钻石 D~Z 系列中最差的颜色。）

· 淡彩（fancy light）

· 彩（fancy）

· 浓彩（fancy intense）

· 深彩（fancy deep）

· 暗彩（fancy dark）

淡彩粉色

彩粉色

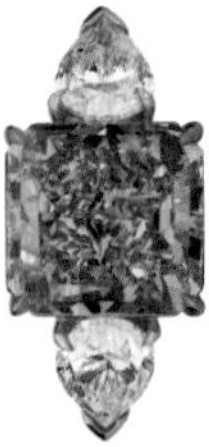

浓彩粉色

浓彩蓝色

艳彩蓝色

艳彩粉色

· 艳彩（fancy vivid）

这些分级对于颜色的浓度来说是最重要的。一个等级的变化就会对钻石的价值产生巨大影响。但是同样需要知道的是，不是所有颜色的浓度等级的分级都是一样的。总的来说，饱和度低的颜色（例如纯黄色和纯粉色），分级就少一点；饱和度高的颜色（例如蓝色）分级就多一点。举例来说，如果您对黄色钻石感兴趣，想要一个比“彩黄”更浓艳一点的颜色，紧跟着下面一个等级就是“浓彩”，“浓彩”后面是“深彩”；而找到一个“深彩”等级则比较困难。“暗彩黄色”指的是宝石的颜色中含有更多的黑色，但是其黄色的饱和度却较低。所以“暗彩黄色”是一种较深的颜色，它的黄色饱和度较低，因此它的价值没有“浓彩黄色”高，“艳彩黄色”的价值是所有颜色的黄钻中最高的。

如果您看到了一颗被描述为“彩褐黄色”的钻石，这种颜色有更高的饱和度，您会发现更多的颜色等级。“深彩”这个级别很少见，它比“正常”的颜色深。当然它也会比“彩褐黄色”级别的钻石昂贵，比“浓彩”级别的钻石便宜。对于蓝钻来说，也有“暗彩”和“深彩”的级别等。我讲这些是希望您能够正确地评估钻石的稀有性和价值，还有能够找到最适合自己需要的颜色等级的钻石。一定要确定打算购买的钻石的颜色等级是自己所期望的。

颜色的均匀度 在钻石的实验室报告中会说明这颗钻石的颜色是不是均匀地分散开来。最理想的状态当然是“均匀”，但是实际上并不总是这样。有时钻石的颜色分区分布，有颜色的区域和无色区域交替。对于这样的钻石，报告上就会注明颜色分布“不均匀”。这样的钻石从顶部观察颜色可能是均匀的，看上去美观漂亮，但是它们的价格会低于那些颜色分布“均匀”的钻石。

左边粉色心形钻石的颜色分布不均匀，并且有暗色包裹体，与右边颜色比较均匀的粉色心形钻石对比明显。

颜色是天然的吗

除了能在自然界中形成丰富多彩的颜色，之前提到过的许多技术手段也能产生美丽的颜色。辐射技术已经应用在改变钻石的颜色方面很多年了，它能把颜色不理想的钻石变成不同深浅的黄色、绿色和蓝绿色钻石。在大多数情况下（除了绿色钻石），经过这种方法处理过的钻石都可以被专业的珠宝学家检测出来。但是随着技术的不断创新也带来了新的挑战，确定一颗钻石的颜色是否天然，需要非常精密的高科技检测过程，这只能在重要的宝石测试实验室才能完成。

由高温高压处理形成的彩色钻石 之前我提到过一种被称为“高温高压处理”的新方法，这种方法可以把强黄白色或者棕色调的钻石变成无色或者近无色的钻石。同时高温高压处理也可以将颜色不理想的和棕色调的钻石变成黄绿色和绿黄色至深浅不一的粉色和蓝色的彩色钻石。尽管黄绿色和绿黄色的改色钻石通常通过外观就可以将它们和大多数天然的彩色钻石区分开来，但是对于粉色和蓝色的改色钻石很难通过颜色和其他特征把它们和天然彩色钻石进行区分。一颗圆钻形 10.09 克拉的天然棕色钻石经过高温高压处理后变成了净度级别是 VS 的浓彩粉色钻石，是目前世界上最大的改色钻石，被命名为“普洛佛玫瑰”（Provo Rose）。

因为天然的彩色钻石会比很多无色的钻石更加昂贵，由于稀有性的蓝钻和粉钻的价值更高，我推荐您购买有实验室报告注明颜色是天然形成的彩色钻石。多数的重要实验室都会给用高温高压方法处理过的钻石分级，并在报告上的备注处写上处理方法（见本章最后的彩色钻石报告样品）。

购买颜色经过改色处理形成的钻石是没问题的。越来越多的珠宝设计师会运用改色处理的钻石来创作极具个性、价格又有吸引力的首饰。但重要的是要知道所购买的是天然形成的还是经过人工处理形成的彩色钻石，这样您才知道是否支付了一个合理的价格。

另外需要注意的是粉色和蓝色钻石：任何人在考虑购买天然形成的蓝色或粉色钻石的时候一定要确定这颗钻石是否附有目前有效的报告（附有重要宝石检测实验室在 2000 年 12 月后出具的报告）。如果报告的日期早于 2000 年 12 月，就需要把这颗钻石重新进行实验室检测，或者在出具报告后再进行交易（见附录）。大多数的实验室在 2000 年前并不知道高温高压处理技术产生蓝色和粉色钻石的应用，检测处理证据的诊断性数据也是在 2000 年后出来的。因为当时相对落后的检测技术不能检测出宝石是否经过高温高压处理，所以早期的报告可能是不准确的。

这对耳饰镶了两颗各 3.5 克拉浓粉色钻石，如果这两颗钻石的颜色是天然的，那这对耳饰的价值会达到百万美元。这种改色钻石由塞雷尼蒂技术公司（Serenity Technologies）提供。

表面覆膜改色　正如之前说过的那样，随着对稀少昂贵的彩色钻石需求量和价格的提高，我们现在发现了经过表面覆膜产生彩色的钻石进入了市场。由表面覆膜产生的颜色不是永久性的，上面的颜色最终会变回钻石原来的颜色（详见第二部分第 10 章）。

净度

很多的彩色钻石报告不包括净度分级，特别是钻石的颜色很出色或者很稀少时。当给出钻石的净度级别时，彩色钻石的分级标准就和无色钻石系列一样了（见第二部分第 7 章）。一定要了解的是，无瑕的彩色钻石要比无瑕的无色钻石更加稀少。彩色钻石的净度级别一般是 SI，级别是 I 也很常见。在彩色钻石中，SI 和 I 的净度级别并不像在无色钻石系列中那样不受欢迎，特别是在钻石的颜色很稀少或者饱和度特别高的情况下。这并不是说不存在“无瑕”级别的彩色钻石，或者没有净度级别较高的彩钻，而是说如果钻石的颜色稀少，净度级别高的话，那么它的价格就会飞涨。

和无色钻石一样，彩色钻石也会通过裂隙充填和激光处理暗色包裹体的手段来改善钻石的外观和净度。要确定您已经注意了在第二部分第 7 章提到的需要注意的问题。

切工和比例

正如我们已经提到过的，大多数彩色钻石的报告缺少关于切工和比例的信息。和净度一样，当钻石的颜色越浓艳、越稀少时，切工就不是那么重要了。但是我在这里要强调，花式切工在彩色钻石中更常见，因为除了比例外，钻石的形状和琢形风格（阶梯式琢形 VS 明亮琢形）可以影响颜色的浓度和均匀程度。

钻石的琢形影响颜色的浓度和均匀度

如果您对彩色钻石感兴趣，那么就必须接受它琢形的灵活性。有些琢形在彩色钻石中是稀少的，而且很难找到；而有些琢形在任何颜色的钻石中会相对容易获得。在彩色钻石中，祖母绿琢形的就特别少见，甚至在一个特定的颜色中，圆钻形的也很难被发现。但是雷迪恩琢形就相对常见。

当前，现代雷迪恩琢形和公主方琢形在彩色钻石中特别流行，因为它们的形状、比例和刻面的分布加强了钻石的颜色。另一方面，很难在彩色钻石中发现祖母绿形切工的，因为这种切工对加强颜色的效果不明显。事实上，在较老的珠宝首饰中也可以看到祖母绿形切工的彩色钻石。很多钻石切割师会把这些钻石重新加工成新的琢形，比如，雷迪恩琢形和公主方琢形能让钻石的颜色变得更浓艳，在报告上可以获得更高的颜色等级。我曾经为一个客户寻找祖母绿形切工的“浓彩黄色”钻石，找了 3 个月才找到 3 颗，因为“浓彩黄色”祖母绿形切工的钻石在重新加工后再送到实验室评估的话通常会得到“艳彩”级别，这在黄钻中是最好也最昂贵的。

结果就是越来越难在彩色钻石中发现祖母绿琢形的钻石。我迄今为止见过的最漂亮的一颗钻石是一个方形的祖母绿琢形钻石，它报告上的颜色级别是“艳彩黄色”。想象一下祖母绿琢形，“艳彩”级别和颜色的强度！这颗钻石本身就非常豪华，我永远也不想看到这颗钻石被重新切割，因为我喜爱它的稀少性——不是因为它的颜色是“艳彩”，而是因为它是一颗“艳彩黄色”的祖母绿琢形钻石。

有一些琢形在彩色钻石中不那么受欢迎，因为这些琢形可能会使颜色看上去不均匀，这在梨形或者马眼形的彩色钻石中经常出现。因为这些琢形会在钻石中心产生蝴蝶结效应——由漏光产生的作用——通常会使颜色变浅。有时差别不明显，有时差别巨大。这样的彩钻价格会相对低一点。颜色看上去差别越大，对价格的影响也越大。

既然您已经对彩色钻石的评价有了更多了解，那么您准备好开始搜寻一颗特别的彩色钻石了吗？这个过程在最开始可能会有点复杂，但是如果您专注于这里介绍的因素，很快您就会发现对您重要的是什么，您真正喜欢的是什么。这样搜寻很快就会变成充满好奇与乐趣的迷人、刺激的过程。

为了帮助您更熟悉彩色钻石分级报告和您可能遇到的报告的种类，下面几页列举了一些世界上最受推崇的实验室的报告样本。

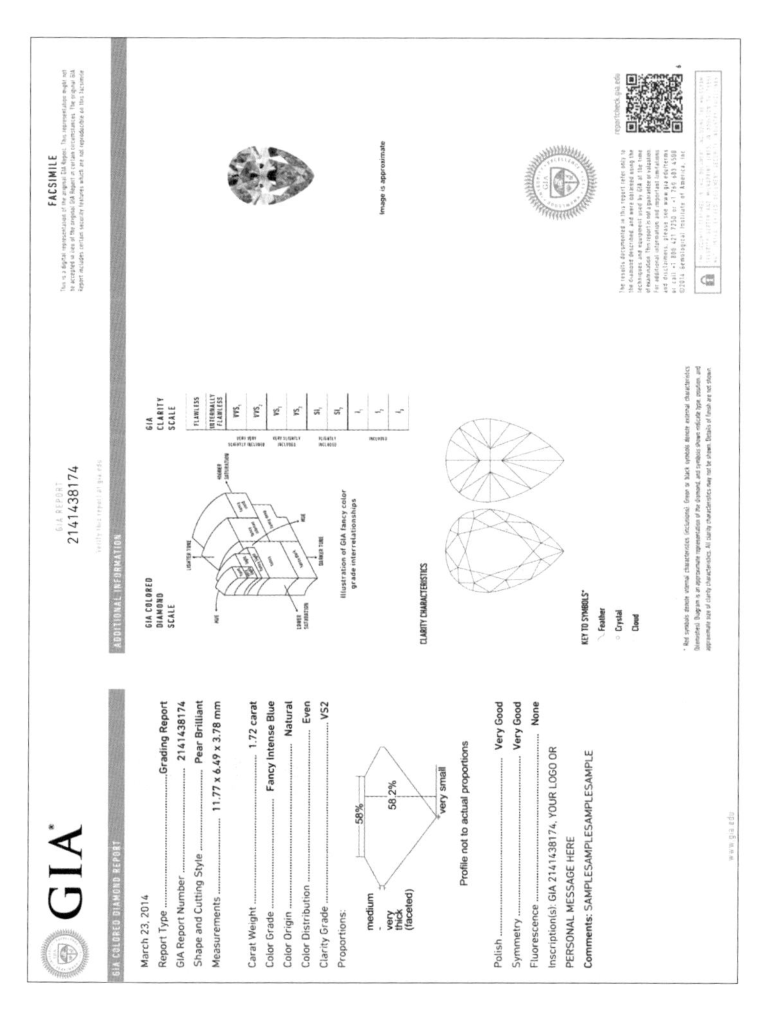

GIA

GIA COLORED DIAMOND REPORT

March 23, 2014

Report Type .... Grading Report

GIA Report Number 2141438174

Shape and Cutting Style .... Pear Brilliant

Measurements .... 11.77 x 6.49 x 3.78 mm

Carat Weight .... 1.72 carat

Color Grade .... Fancy Intense Blue

Color Origin .... Natural

Color Distribution .... Even

Clarity Grade VS2

Proportions:

58%

58.2%

medium - very thick (faceted)

very small

Profile not to actual proportions

Polish .... Very Good

Symmetry .... Very Good

Fluorescence .... None

Inscription(s): GIA 2141438174, YOUR LOGO OR PERSONAL MESSAGE HERE

Comments: SAMPLESAMPLESAMPLESAMPLE

www.gia.edu

GIA REPORT 2141438174

ADDITIONAL INFORMATION

GIA COLORED DIAMOND SCALE

Illustration of GIA fancy color grade interrelationships

GIA CLARITY SCALE

FLAWLESS / INTERNALLY FLAWLESS / VVS1 / VVS2 / VS1 / VS2 / SI1 / SI2 / I1 / I2 / I3

CLARITY CHARACTERISTICS

KEY TO SYMBOLS*

Feather

Crystal

Cloud

FACSIMILE

Image is approximate

reportcheck.gia.edu

在这里您能看到说明颜色成因：天然（natural），颜色的深度：彩（fancy），颜色分布：均匀（even），还有其他的描述了彩钻综合质量的重要信息，比如是否有荧光效应等。

注意：“备注”下方的信息。美国宝石学院同样可以提供只说明颜色的报告。

信息来源：美国宝石学院。

magnification 1.5x

SPECIMEN

Gemstone Report No. XXXXX

Weight:	8.825 ct
Shape & cut:	octagonal, step cut
Measurements:	12.38 x 10.35 x 7.45 mm
Colour:	pink (fancy intense colour)
Clarity:	VS1
Identification:	DIAMOND of natural colour
Comments:	The analysed properties confirm the authenticty of this diamond.

Important Note: The conclusions on this Gemstone Report reflect our findings at the time it is issued. A gemstone could be modified and/or enhanced at any time. Therefore the SSEF can reassess at any time if a stone is in line with the Gemstone Report. Only the report with the valid original signatures, embossed stamp and Proof Tag™ label affixed on to the surface of the laminated report is a valid document. See terms and conditions on reverse side. © This Gemstone Report is copyright of SSEF.

SWISS GEMMOLOGICAL INSTITUTE – SSEF

Basel, 19 November 2014 dh

Report authentication (log on to www.prooftag.com)

SSEF www.prooftag.com ref. 0 JB00 PUXA 00263

J.-P. Chalain, DUG

Dr. M. S. Krzemnicki, FGA

Aeschengraben 26, CH-4051 Basel, Switzerland Tel. +41 61 262 06 40 Fax + 41 61 262 06 41 admin@ssef.ch www.ssef.ch

这个报告提供了钻石的颜色浓度为浓彩和成因为天然，还有关于净度和切工的信息。实验室可以提供更多关于细节的报告。但是宝石的主人只要求提供与颜色相关的信息。

信息来源：瑞士珠宝研究院。

GÜBELIN

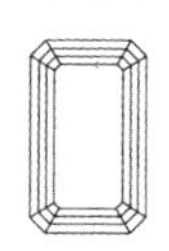

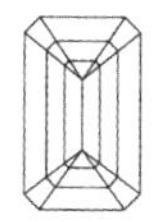

GEMMOLOGICAL REPORT

Report Number Specimen FC Diamond Report	**Colour Grade** Fancy Light Yellow
Place, Date Lucerne, 8 October 2015	**Clarity Grade** VS 2
Weight 13.47 ct	**Polish** excellent
Shape octagonal	**Symmetry** very good
Cut step cut	**Fluorescence** weak, blue
Measurements 15.96 x 12.49 x 7.53 mm	**Identification** Natural diamond
Depth / Table 60.3% 70%	**Diamond Type** Ia
Girdle medium to thick, polished	**Comments** Natural colour
Culet very small	Important notes and limitations on the reverse.

Pierre Hardy

Susy Gübelin

Gübelin Gem Lab
Lucerne Hong Kong New York
www.gubelingemlab.com

这里您能看到关于颜色和全部质量分级的信息。古柏林宝石实验室也可以只提供与颜色相关信息的报告。

信息来源：古柏林宝石实验室。

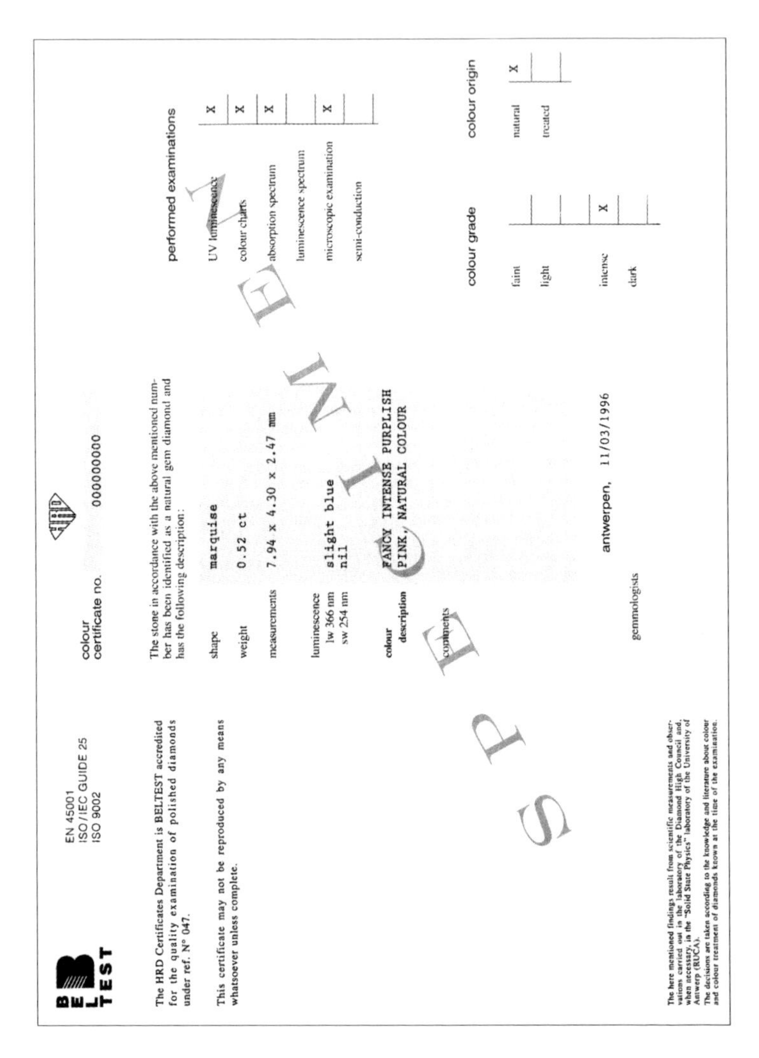

BEL TEST

EN 45001
ISO/IEC GUIDE 25
ISO 9002

The HRD Certificates Department is BELTEST accredited for the quality examination of polished diamonds under ref. N° 047.

This certificate may not be reproduced by any means whatsoever unless complete.

colour certificate no. 000000000

The stone in accordance with the above mentioned number has been identified as a natural gem diamond and has the following description:

shape	marquise
weight	0.52 ct
measurements	7.94 x 4.30 x 2.47 mm
luminescence lw 366 nm	slight blue
sw 254 nm	nil
colour description	FANCY INTENSE PURPLISH PINK, NATURAL COLOUR
comments	

antwerpen, 11/03/1996

gemmologists

performed examinations

UV luminescence	X
colour charts	X
absorption spectrum	X
luminescence spectrum	
microscopic examination	X
semi-conduction	

colour grade

faint	
light	
intense	X
dark	

colour origin

natural	X
treated	

The here mentioned findings result from scientific measurements and observations carried out in the laboratory of the Diamond High Council and, when necessary, in the "Solid State Physics" laboratory of the University of Antwerp (RUCA).
The decisions are taken according to the knowledge and literature about colour and colour treatment of diamonds known at the time of the examination.

这份比利时高阶层钻石议会的报告提供了颜色相关信息——纯度（purity）、浓度和成因，没有关于净度和切工方面的信息。比利时高阶层钻石议会也可以出具具有全部质量新的报告。

信息来源：比利时高阶层钻石议会。

1242555

The Gem Testing Laboratory
of Great Britain

SAMPLE

GEM TESTING REPORT

Examined a loose, yellow, oval, faceted stone, measuring approximately 16.30 x 12.15 x 7.85 mm. and weighing 10.20 ct.

Found to be a **NATURAL DIAMOND** of **NATURAL COLOUR.**

COLOUR GRADE : FANCY INTENSE YELLOW

The Gem Testing Laboratory of Great Britain is the official CIBJO recognised Laboratory for Great Britain

Only the original report with signatures and embossed stamp is a valid identification document.

This report is issued subject to the conditions printed overleaf.

The Gem Testing Laboratory of Great Britain

GAGTL, 27 Greville Street,
London, ECIN 8SU, Great Britain

Telephone: +44 171 405 3351
Fax: +44 171 831 9479

Signed________ Sarah Mahoney FGA DGA

Signed________ Stephen J. Kennedy FGA DGA

Date 21st May 2001

这份报告只提供了颜色的信息，但是一些报告也提供净度和切工信息。

备注：英国宝石测试实验室在2008年9月正式停止了钻石分级业务并关闭了实验室，但是在这个日期之前出具的证书现在也在市场上流通。

信息来源：英国宝石测试实验室。

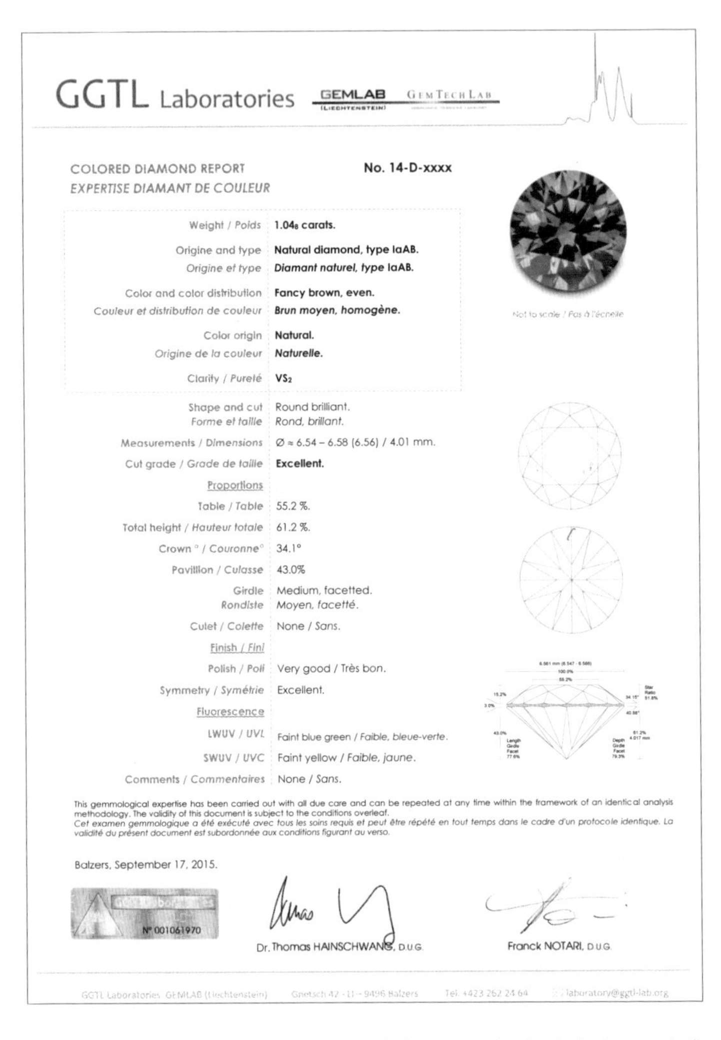

GGTL Laboratories GEMLAB (LIECHTENSTEIN) GemTechLab

COLORED DIAMOND REPORT
EXPERTISE DIAMANT DE COULEUR

No. 14-D-xxxx

Weight / *Poids*	**1.04₈ carats.**
Origine and type *Origine et type*	**Natural diamond, type IaAB.** ***Diamant naturel, type IaAB.***
Color and color distribution *Couleur et distribution de couleur*	**Fancy brown, even.** ***Brun moyen, homogène.***
Color origin *Origine de la couleur*	**Natural.** ***Naturelle.***
Clarity / *Pureté*	**VS_2**
Shape and cut *Forme et taille*	Round brilliant. *Rond, brillant.*
Measurements / *Dimensions*	Ø ≈ 6.54 – 6.58 (6.56) / 4.01 mm.
Cut grade / *Grade de taille*	**Excellent.**
Proportions	
Table / *Table*	55.2 %.
Total height / *Hauteur totale*	61.2 %.
Crown ° / *Couronne°*	34.1°
Pavillion / *Culasse*	43.0%
Girdle *Rondiste*	Medium, facetted. *Moyen, faceté.*
Culet / *Colette*	None / *Sans.*
Finish / *Fini*	
Polish / *Poli*	Very good / *Très bon.*
Symmetry / *Symétrie*	Excellent.
Fluorescence	
LWUV / *UVL*	Faint blue green / *Faible, bleue-verte.*
SWUV / *UVC*	Faint yellow / *Faible, jaune.*
Comments / *Commentaires*	None / *Sans.*

Not to scale / *Pas à l'échelle*

This gemmological expertise has been carried out with all due care and can be repeated at any time within the framework of an identical analysis methodology. The validity of this document is subject to the conditions overleaf.
Cet examen gemmologique a été exécuté avec tous les soins requis et peut être répété en tout temps dans le cadre d'un protocole identique. La validité du présent document est subordonnée aux conditions figurant au verso.

Balzers, September 17, 2015.

N° 001061970

Dr. Thomas HAINSCHWANG, D.U.G. Franck NOTARI, D.U.G.

GGTL Laboratories GEMLAB (Liechtenstein) Gnetsch 42 - LI - 9496 Balzers Tel. +423 262 24 64 laboratory@ggtl-lab.org

这是一份全面的质量分级报告，内容包括钻石类型、颜色是否天然等，并附有净度素描图。

注意：本证书有钻石的荧光效应方面的信息，包括在长波和短波荧光下。

信息来源：全球宝石测试实验室 。

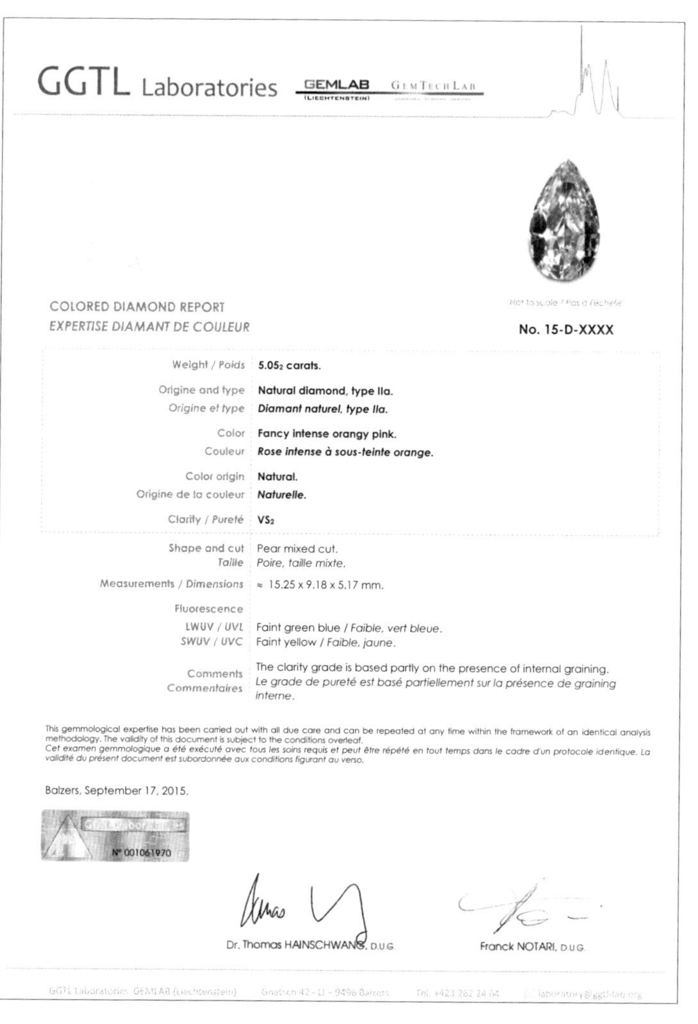

GGTL Laboratories GEMLAB (LIECHTENSTEIN) GemTechLab

Not to scale / Pas à l'échelle

COLORED DIAMOND REPORT
EXPERTISE DIAMANT DE COULEUR

No. 15-D-XXXX

Weight / *Poids*	**5.05₂ carats.**
Origine and type *Origine et type*	**Natural diamond, type IIa.** ***Diamant naturel, type IIa.***
Color *Couleur*	**Fancy intense orangy pink.** ***Rose intense à sous-teinte orange.***
Color origin *Origine de la couleur*	**Natural.** ***Naturelle.***
Clarity / *Pureté*	**VS₂**
Shape and cut *Taille*	Pear mixed cut. *Poire, taille mixte.*
Measurements / *Dimensions*	≈ 15.25 x 9.18 x 5.17 mm.
Fluorescence LWUV / *UVL* SWUV / *UVC*	 Faint green blue / *Faible, vert bleue.* Faint yellow / *Faible, jaune.*
Comments *Commentaires*	The clarity grade is based partly on the presence of internal graining. *Le grade de pureté est basé partiellement sur la présence de graining interne.*

This gemmological expertise has been carried out with all due care and can be repeated at any time within the framework of an identical analysis methodology. The validity of this document is subject to the conditions overleaf.
Cet examen gemmologique a été exécuté avec tous les soins requis et peut être répété en tout temps dans le cadre d'un protocole identique. La validité du présent document est subordonnée aux conditions figurant au verso.

Balzers, September 17, 2015.

GGTL Laboratories N° 001061970

Dr. Thomas HAINSCHWANG, D.U.G.　　Franck NOTARI, D.U.G.

GGTL Laboratories GEMLAB (Liechtenstein)　Gnetsch 42 - LI - 9496 Balzers　Tel. +423 262 24 64　laboratory@ggtl-lab.org

这份钻石报告只有关于颜色和净度的分级，没有净度素描图，也没有详细的切工参数。

注意：本证书有钻石的荧光效应方面的信息，包括在长波和短波荧光下。

信息来源：全球宝石测试实验室 。

GGTL Laboratories GEMLAB (LIECHTENSTEIN) GemTechLab

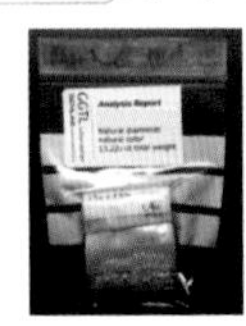

Not to scale / Pas à l'échelle

ANALYSIS REPORT
RAPPORT D'ANALYSE

No. 15-D-XXXX

Description: 11 parcels of faceted yellow and pink gemstones.
11 lots de gemmes jaunes et roses facettées.

Shape and cut / *Taille*: Round brilliant / *Rond, brillant.*

Detail / *Détail*:

Ref.	Color / Couleur.	Total weight / *Poids total*	Diameter / *Diamètre*	Quantity / *Quantité*
13-D-3723-a	Yellow / Jaune	1.00_3 cts	≈ 1.20 – 1.24 mm	124
13-D-3723-b	Yellow / Jaune	1.16_9 cts	≈ 1.30 – 1.34 mm	115
13-D-3723-c	Yellow / Jaune	1.70_5 cts	≈ 1.90 – 1.94 mm	55
13-D-3723-d	Yellow / Jaune	1.88_3 cts	≈ 2.00 – 2.04 mm	52
13-D-3723-e	Yellow / Jaune	1.26_5 cts	≈ 2.15 – 2.19 mm	29
13-D-3723-f	Yellow / Jaune	0.65_9 cts	≈ 2.20 – 2.24 mm	14
13-D-3723-g	Yellow / Jaune	0.95_9 cts	≈ 2.30 – 2.34 mm	18
13-D-3723-h	Yellow / Jaune	0.71_2 cts	≈ 2.40 – 2.44 mm	12
13-D-3723-i	Yellow / Jaune	1.57_2 cts	≈ 2.50 – 2.54 mm	24
13-D-3723-j	Pink / Rose	1.07_7 cts	≈ 1.30 – 1.34 mm	113
13-D-3723-k	Pink / Rose	1.21_8 cts	≈ 1.35 – 1.39 mm	113
TOTAL		*13.22_2 cts*	---	669

Identification: **Yellow and pink diamond of natural coloration.**
Identification: ***Diamant jaune et rose de couleur naturelle.***

Treatment: **No indication of treatment.**
Traitement: ***Pas d'indication de traitement.***

Conclusions: The examined diamonds are of natural origin.
Conclusions: *Les diamants examinés sont d'origine naturelle.*

This gemmological expertise has been carried out with all due care and can be repeated at any time within the framework of an identical analysis methodology. The validity of this document is subject to the conditions overleaf.
Cet examen gemmologique a été exécuté avec tous les soins requis et peut être répété en tout temps dans le cadre d'un protocole identique. La validité du présent document est subordonnée aux conditions figurant au verso.

Balzers, September 17, 2015

N° 001061970

Dr. Thomas HAINSCHWANG, D.U.G.　　Franck NOTARI, D.U.G.

GGTL Laboratories　GEMLAB (Liechtenstein) · Gnetsch 42 · LI – 9496 Balzers · Tel. +423 262 24 64 · laboratory@ggtl-lab.org

这种黄色和粉色小钻石“包货”的鉴定报告主要作用是确认钻石是天然的，颜色也是天然的，没有任何优化处理。

信息来源：全球宝石测试实验室 。

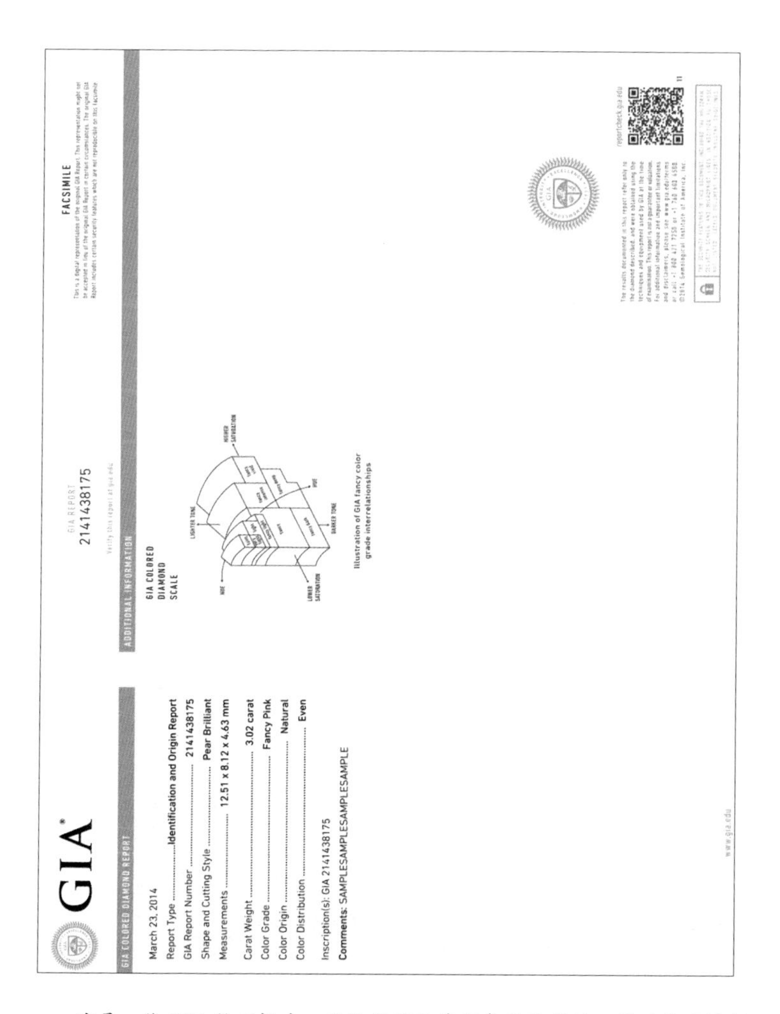

GIA®

GIA COLORED DIAMOND REPORT

March 23, 2014

Report Type .... Identification and Origin Report
GIA Report Number 2141438175
Shape and Cutting Style .... Pear Brilliant
Measurements .... 12.51 x 8.12 x 4.63 mm

Carat Weight .... 3.02 carat
Color Grade .... Fancy Pink
Color Origin .... Natural
Color Distribution .... Even

Inscription(s): GIA 2141438175
Comments: SAMPLESAMPLESAMPLESAMPLE

GIA REPORT
2141438175
Verify this report at gia.edu

ADDITIONAL INFORMATION

GIA COLORED DIAMOND SCALE

Illustration of GIA fancy color grade interrelationships

FACSIMILE
This is a digital representation of the original GIA Report. This representation might not be accepted in lieu of the original GIA Report in certain circumstances. The original GIA Report includes certain security features which are not reproducible on this facsimile.

The results documented in this report refer only to the diamond described, and were obtained using the techniques and equipment used by GIA at the time of examination. This report is not a guarantee or valuation. For additional information and important limitations and disclaimers, please see www.gia.edu/terms or call +1 800 421 7250 or +1 760 603 4500.
©2014 Gemological Institute of America, Inc.

reportcheck.gia.edu

11

www.gia.edu

这是一份 GIA 钻石报告，确认钻石及其颜色是天然的，并对钻石的颜色和均匀程度有所描述。

注意：这份报告没有任何关于钻石的荧光性方面的信息，对于任何彩色钻石来说，都是一个很严重的疏漏，钻石的荧光性会导致其在不同的光源条件下影响彩色钻石的颜色，或者颜色的浓度会有所变化。

信息来源：美国宝石学院。

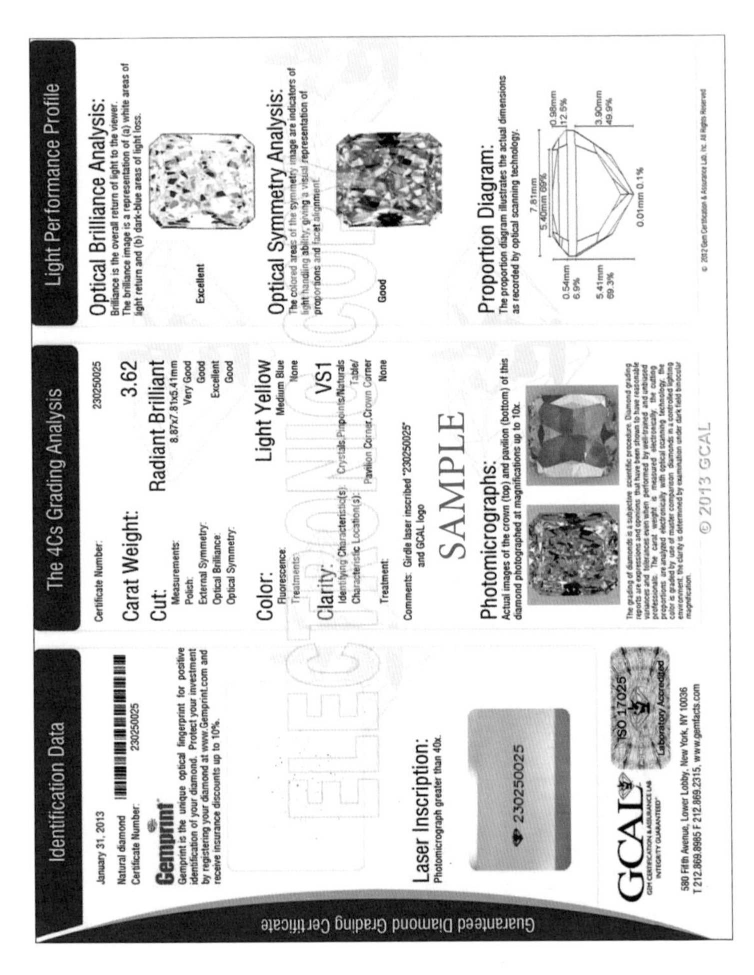
Guaranteed Diamond Grading Certificate

Identification Data

January 31, 2013

Natural diamond
Certificate Number: 230250025

Gemprint

Gemprint is the unique optical fingerprint for positive identification of your diamond. Protect your investment by registering your diamond at www.Gemprint.com and receive insurance discounts up to 10%.

Laser Inscription:
Photomicrograph greater than 40x.

230250025

GCAL GEM CERTIFICATION & ASSURANCE LAB INTEGRITY GUARANTEED

ISO 17025 Laboratory Accredited

580 Fifth Avenue, Lower Lobby, New York, NY 10036
T 212.869.8985 F 212.869.2315, www.gemfacts.com

The 4Cs Grading Analysis

Certificate Number:	230250025
Carat Weight:	3.62
Cut:	Radiant Brilliant
Measurements:	8.87x7.81x5.41mm
Polish:	Very Good
External Symmetry:	Good
Optical Brilliance:	Excellent
Optical Symmetry:	Good
Color:	Light Yellow
Fluorescence:	Medium Blue
Treatments:	None
Clarity:	VS1
Identifying Characteristic(s):	Crystals,Pinpoints/Naturals
Characteristic Location(s):	Table/ Pavilion Corner,Crown Corner
Treatment:	None

Comments: Girdle laser inscribed "230250025" and GCAL logo

SAMPLE

Photomicrographs:
Actual images of the crown (top) and pavilion (bottom) of this diamond photographed at magnifications up to 10x.

The grading of diamonds is a subjective scientific procedure. Diamond grading reports are expressions and opinions that have been shown to have reasonable variances and tolerances even when performed by well-trained and unbiased professionals. The carat weight is measured electronically, the cutting proportions are analyzed electronically with optical scanning technology, the color is graded by use of master comparison diamonds in a controlled lighting environment; the clarity is determined by examination under dark field binocular magnification.

© 2013 GCAL

Light Performance Profile

Optical Brilliance Analysis:
Brilliance is the overall return of light to the viewer.
The brilliance image is a representation of (a) white areas of light return and (b) dark-blue areas of light loss.

Excellent

Optical Symmetry Analysis:
The colored areas of the symmetry image are indicators of light handling ability, giving a visual representation of proportions and facet alignment.

Good

Proportion Diagram:
The proportion diagram illustrates the actual dimensions as recorded by optical scanning technology.

这是一份 GCAL 完整的彩色钻石鉴定报告。

注意：上面没有对切工进行分级。

信息来源：宝石鉴定与保障实验室。

第 13 章　天然彩色钻石和颜色处理钻石的价格比较

下面的表格是帮助您理解您可以选择的彩色钻石的价格指导。特别的是，这些表格展示了每一个 4C 标准对天然彩色钻石的影响，并和颜色处理钻石的价格比较，展示了现在稀有彩色钻石对拍卖的影响。彩色钻石非常稀少，拍卖行可以提供钻石最好的当前价格指导。

天然彩色钻石的零售价格指南 *

价格按美元 / 克拉计算

C1–C4 浅棕色				
重量	**FL~VVS**	**VS**	**SI**	I_1
小钻 †	**无数据**	1250~2500	1060~1750	875~1250
0.25 克拉	**无数据**	1500~2750	1250~2500	1250~1875
0.5 克拉	**无数据**	1750~5400	1375~4050	1250~3750

续表

C1–C4 浅棕色				
重量	FL~VVS	VS	SI	I_1
0.75 克拉	无数据	1875~7500	1500~4950	1375~3825
1 克拉	无数据	3250~9000	3125~7000	1750~5175
2 克拉	无数据	4050~8000	3825~7600	1875~6180
3 克拉	无数据	6075~9600	4500~10000	3750~7200
4 克拉	无数据	7000~12000	6750~11000	5400~8000
5 克拉	无数据	10000~15000	9600~14000	6750~10000

* 价格来自宝石世界国际有限公司汇编的《钻石价格指南》，并调整为零售价。

† 小钻指的是重量低于 0.2 克拉的小钻石（通常在 0.001~0.19 克拉）。下同。

C5–C7 淡彩棕色至彩棕色				
重量	FL~VVS	VS	SI	I_1
小钻†	无数据	1375~2625	1125~1875	1000~1500
0.25 克拉	无数据	1625~3000	1375~3000	1250~2000
0.5 克拉	无数据	1875~6400	1500~4500	1310~3710
0.75 克拉	无数据	3000~6600	1625~5400	1500~3940
1 克拉	无数据	3750~7000	3375~7500	1875~5625
2 克拉	无数据	4500~10000	3940~8000	2750~6750
3 克拉	无数据	6750~12000	5625~10400	3710~9000
4 克拉	无数据	7200~13000	6400~12000	5625~10000
5 克拉	无数据	11000~16000	10000~15000	6400~11000

淡彩黄				
重量	**FL~VVS**	**VS**	**SI**	**I_1**
小钻[†]	810~1500	680~1430	625~1310	500~1060
0.25 克拉	1625~3500	1250~3000	1125~2500	1000~1625
0.5 克拉	4500~5400	3750~4500	3250~4050	2000~2250
0.75 克拉	5175~5625	4500~5175	3600~4275	3000~3750
1 克拉	7200~7600	5625~7000	4500~5625	3750~4500
2 克拉	9000~11000	7000~8000	6600~7600	6000~6600
3 克拉	10000~11000	8000~10000	7200~8000	6400~7000
4 克拉	10000~11600	9000~11000	8400~9400	7600~8000
5 克拉	13000~15000	12000~14000	11000~13000	9000~10000

彩黄色				
重量	**FL~VVS**	**VS**	**SI**	**I_1**
小钻[†]	1625~3125	1500~2750	825~2500	625~2125
0.25 克拉	3250~5625	3375~4725	2125~4950	1375~3750
0.5 克拉	6750~8000	5625~7200	4725~5625	4050~4500
0.75 克拉	6600~9000	6750~8000	5400~6400	4725~5625
1 克拉	9000~13000	7000~11000	6750~11000	6400~7600
2 克拉	16000~19000	14000~17000	11000~14000	10000~11600
3 克拉	17000~19950	14400~18600	13800~16600	11000~12400
4 克拉	18000~21090	16400~20520	14600~17200	11800~13200
5 克拉	19000~25080	18000~23750	16000~18000	12600~14400

浓彩黄色				
重量	FL~VVS	VS	SI	I_1
小钻[†]	无数据	无数据	无数据	无数据
0.25 克拉	无数据	无数据	无数据	无数据
0.5 克拉	6800~8400	6700~7600	6000~7000	4500~6075
0.75 克拉	11000~12600	9600~12000	8600~9800	6700~7800
1 克拉	13600~17400	13000~16600	10000~15000	7600~9000
2 克拉	20330~23560	20000~22800	16000~20000	11000~13600
3 克拉	21850~25650	22800~26600	18000~20900	12000~14000
4 克拉	25080~33250	26600~30400	19400~21850	13000~15400
5 克拉	28310~34200	26790~32110	21470~25650	14000~16200

淡彩粉色				
重量	FL~VVS	VS	SI	I_1
小钻[†]	3625~4050	2750~3600	2500~3500	2250~3375
0.25 克拉	7200~9600	6600~8600	6000~8000	5850~7200
0.5 克拉	15600~20000	13200~19000	12000~14400	5400~9600
0.75 克拉	34200~38000	26600~34200	19950~27550	14400~19000
1 克拉	39900~47500	36100~45600	34200~40850	25080~29450
2 克拉	108000~135000	90000~117000	63000~86400	45600~54000
3 克拉	118800~161500	126000~153000	97200~132600	64800~75600
4 克拉	187000~221000	153000~212500	129600~144500	108000~118800
5 克拉	238000~255000	204000~224400	161500~204000	129600~163200

彩粉色				
重量	FL~VVS	VS	SI	I_1
小钻[†]	无数据	无数据	无数据	无数据
0.25 克拉	31350~60300	24700~49500	22800~45600	11000~20900
0.5 克拉	69300~99000	59400~89100	41800~87300	20900~31350
0.75 克拉	81000~108900	70200~117000	54000~90000	31350~41800
1 克拉	135000~170000	108000~136000	90000~135000	48600~68400
2 克拉	212500~288750	153000~212500	117000~161500	59400~81000
3 克拉	280500~453750	233750~363000	168300~238000	136000~187000
4 克拉	313500~453750	313500~396000	229500~264000	153000~204000
5 克拉	437250~600000	363000~520000	272250~520000	264000~387750

彩蓝色				
重量	FL~VVS	VS	SI	I_1
小钻[†]	无数据	无数据	无数据	无数据
0.25 克拉	无数据	无数据	无数据	无数据
0.5 克拉	117000~126000	76500~117000	58500~81000	41800~49500
0.75 克拉	135000~144500	99000~136000	79200~99000	59400~69300
1 克拉	221000~255000	187000~221000	153000~187000	135000~168300
2 克拉	313500~396000	272250~363000	229500~321750	99000~136000
3 克拉	453750~640000	387750~600000	363000~495000	233750~313500
4 克拉	520000~680000	495000~640000	404250~528000	272250~363000
5 克拉	680000~960000	640000~880000	528000~704000	363000~453750

永久性人工处理 / 改善彩色钻石零售价格指南 *

价格按美元 / 克拉计算

浓彩帝王红色、浓彩粉色								
重量(克拉)	VVS_1	VVS_2	VS_1	VS_2	SI_1	SI_2	I_1	I_2
0.01~0.09	3300	3170	3030	2890	2750	2620	2200	1790
0.10 ~ 0.19	4950	4750	4540	4340	4130	3920	3300	2690
0.20 ~ 0.29	6770	6490	6210	5920	5640	5360	4510	3670
0.30 ~ 0.39	7920	7590	7260	6930	6600	6270	5280	4290
0.40 ~ 0.49	8250	7910	7570	7220	6880	6540	5500	4470
0.50 ~ 0.59	9900	9490	9080	8670	8250	7840	6600	5370
0.60 ~ 0.69	10560	10120	9680	9240	8800	8360	7040	5720
0.70~0.79	11220	10760	10290	9820	9350	8890	7480	6080
0.80 ~ 0.89	11880	11390	10890	10400	9900	9410	7920	6440
0.90 ~ 0.99	12540	12020	11500	10980	10450	9930	8360	6800
1.00~1.24	17820	17080	16340	15600	14850	14110	9900	8050
1.25 ~ 1.49	19800	18980	18150	17330	16500	15680	11000	8940

* 零售价格是基于朗讯钻石公司提供的信息。

高温高压处理彩色钻石零售价格指南 *

价格按美元 / 克拉计算

彩黄色、彩橘黄色、彩绿黄色									
重量(克拉)	VVS_1	VVS_2	VS_1	VS_2	SI_1	SI_2	I_1	I_2	I_3
0.01~0.07	1390	1320	1280	1210	1100	990	770	730	510
0.08~0.17	1650	1590	1520	1460	1320	1130	800	660	530
0.18~0.29	1890	1830	1750	1680	1520	1310	930	760	610
0.30~0.37	2460	2380	2270	2170	1980	1790	1200	800	700
0.50~0.69	4400	4230	4040	3870	3530	3170	2120	1420	1060

续表

彩黄色、彩橘黄色、彩绿黄色									
重量（克拉）	VVS_1	VVS_2	VS_1	VS_2	SI_1	SI_2	I_1	I_2	I_3
0.70~0.89	5280	5070	4850	4640	4230	3800	2550	1710	1280
0.90~0.99	5790	5570	5330	5120	4640	4180	2790	1880	1400
1.00~1.24	6960	6680	6390	6120	5570	5020	3340	2240	1680
1.25~1.49	7500	7200	6890	6580	6000	5390	3600	2400	1810
1.50~1.99	8610	8280	7920	7570	6890	6210	4140	2780	2070
2.00~2.99	9900	9500	9100	8720	7920	7130	4750	3180	2380
3.00~3.99	11870	11400	10930	10460	9500	8560	5720	3810	2870

浓彩黄色、浓彩橘黄色、浓彩绿黄色、浓彩黄绿色									
重量（克拉）	VVS_1	VVS_2	VS_1	VS_2	SI_1	SI_2	I_1	I_2	I_3
0.01~0.07	1850	1790	1720	1630	1480	1350	1040	970	690
0.08~0.17	2230	2140	2050	1960	1790	1520	1080	910	730
0.18~0.29	2570	2460	2360	2250	2040	1750	1240	1030	820
0.30~0.37	3320	3200	3050	2920	2650	2400	1600	1080	950
0.38~0.49	3970	3830	3660	3510	3200	2880	1920	1290	1120
0.50~0.69	5910	5670	5430	5210	4730	4250	2840	1900	1420
0.70~0.89	7080	6800	6530	6240	5670	5120	3410	2280	1710
0.90~0.99	7800	7490	7180	6870	6240	5620	3750	2500	1880
1.00~1.24	9360	8980	8600	8240	7490	6750	4490	3000	2260
1.25~1.49	10060	9660	9260	8860	8070	7270	4850	3220	2430
1.50~1.99	11590	11120	10650	10200	9260	8350	5570	3720	2800
2.00~2.99	13310	12790	12250	11730	10650	9590	6400	4280	3200
3.00~3.99	15980	15330	14690	14060	12790	11500	7670	5130	3840

* 零售价格是基于朗讯钻石公司提供的信息。

彩色钻石拍卖价格（抽样）*

价格按美元 / 克拉计算

颜色	琢形	重量	净度	近似价
红	圆钻形	0.95	没有分级	926000
红	橄榄形	0.25	没有分级	326000
艳紫粉色	橄榄形	3.10	没有分级	592000
浓粉色	祖母绿形	24.78	VVS_2	1860000
浓粉色	心形	2.05	VS_2	125000
浓橙粉色	祖母绿形	6.82	SI_1	68000
粉色	雷迪恩形	1.12	没有分级	56000
浅粉色	垫形	4.27	VS_1	22500
浅紫粉色	雷迪恩形	1.74	VS_1	29000
浅橙粉色	梨形	15.66	没有分级	10500
微浅粉色	祖母绿形	2.52	VS_2	7500
艳蓝色（宝格丽蓝）	三角明亮形	10.95	VS_2	1590000†
艳蓝色	垫形	7.03	没有分级	1350000
艳蓝色	三角形	3.32	IF	294000
深蓝色（维特斯巴赫·格拉夫）	垫形	35.56（重新切割后 31.06）	IF	684000
艳绿蓝色	垫形	1.62	VVS_2	1051636
浓蓝色	圆钻形	3.17	没有分级	796000
浓蓝色	心形	0.58	没有分级	59000
蓝色	马眼形	6.21	SI_2	224000
蓝色	圆钻形	0.90	VS_1	80000
艳绿色	垫形	2.52	没有分级	1222000
灰黄绿色	雷迪恩形	2.71	没有分级	24200
艳黄色（一对）	圆钻形	4.57,4.74	IF,VS_1	64250

续表

颜色	琢形	重量	净度	近似价
艳黄色	雷迪恩形	30.39	SI_1	27500
艳黄色	雷迪恩形	1.02	SI_1	11500
浓黄色	心形	17.29	IF	24000
浓黄色（一对）	梨形	2.13,2.31	IF,IF	18000
浓黄色	梨形	2.16	SI_2	12000
黄色	祖母绿形	18.00	VS_2	43000
黄色	雷迪恩形	2.18	VS_2	16000
黄色	雷迪恩形	1.24	VVS_1	12500
黄色	雷迪恩形	6.21	SI_1	7500
黄色	橄榄形	1.84	没有分级	6000
棕黄色	祖母绿形	13.12	VVS_2	6000

* 以上价格来自 2005—2010 年的佳士得和苏富比拍卖记录。

† 这是一枚包含了艳蓝色的“宝格丽蓝”钻石及一颗 9.87 克拉的近无色（G 色）VS_1 钻石的戒指的价格。

第 14 章　合成钻石

合成钻石是指在实验室人工合成的钻石，也可以称为实验室钻石或实验室生长钻石，或者是人工生长钻石。这些术语，包括人工合成钻石，已经被大部分国家接受。在美国，所有的术语都能使用（但是，“人工结晶”这个词只能在钻石肯定是在实验室合成，而非地球矿区中采掘出时使用）。

首饰上镶嵌的天然无色小钻石显得彩黄钻和粉色的查塔姆合成钻石主石尤其显眼。

与仿制品，如立方氧化锆、钆镓榴石、钇铝榴石、合成碳硅石以及其他相似品（它们的物理化学性质都与钻石不一样）不同，合成钻石是天然钻石的复制品，也就是说，它用科学的方法模拟了天然钻石的生长原理，所以合成钻石的物理化学性质基本上与天然钻石相同。从本质上说，合成钻石就是钻石。

目前，可用的宝石级别的合成钻石有一定的大小、形状和颜色。黄色的合成钻石从柠檬黄色到橙黄色，可达 3 克拉重，而更大的在 4 克拉范围内的也已经能够生长，尽管目前还没有做出成品。粉色的合成钻石约 1 克拉，但大多数较小；蓝色的合成钻石几乎都在 0.5 克拉以下，也有一些超过了 1 克拉。戴比尔斯公司（De Beers）最近申请了一项合成蓝钻的专利，在不久的将来，我们可能会发现更大的合成蓝钻石。天然彩钻太稀少、昂贵，所以合成彩色钻石就成为其美丽、便宜的替代品，从而找到了属于自己的市场。

无色和近无色合成钻石的出现是目前合成钻石技术重大的进步，合成钻石的颜色得到了改善，本身色调大幅度减少了，颗粒却在增大。2010 年，阿波罗（Apollo）钻石公司运用化学气相沉积法（CVD）“单晶”增长技术（打破了 CVD 薄膜法生长的钻石不能切割这一说法），生产了第一颗超过 1 克拉的近无色的刻面钻石，经美国宝石学院核实，确认是一颗实验室合成的重 1.05 克拉、G 色级，净度级别为 I_1 的梨形钻石。随后，盖迈希（Gemesis）钻石公司生产出了另一颗 CVD 法

CVD 法合成的无色钻石。

合成的近无色的钻石，这颗钻石重达 1.11 克拉，被国际宝石学研究所（IGI）定级为 I 色、VVS_2 级别。合成钻石越小，颜色级别越容易做得高，其中有很多在 GIA 体系中能被定级为 G~H 色，一些甚至能到 F 色，净度级别也在随之升高，越来越多的钻石被定级为 VVS 级、VS 级和 SI 级。

由于合成钻石是在实验室生长的，故其在宝石学测试中会显示出不同于天然钻石的独特的生长特征。这些特征使得我们可以将天然钻石与合成钻石区分开来。其中有一些特征通过一些相对简单的测试就能观察到，在几乎所有的宝石学实验室都能做；但还有很多特征需要在精密复杂的科学仪器中才能发现，只能在一些重要的宝石学检测实验室完成。出于这方面的考虑，我一再强调实验室应该对好的天然钻石建立相应档案的重要性。

钻石导电性测试非常受欢迎，是一种能有效区分钻石和钻石仿制品（如上文和第二部分第 10 章所提到的）的方法。但是，这种方法不能区分合成钻石和天然钻石，对于合成钻石，该测试结果将显示为“钻石”，因为从物理化学性质方面来讲，合成钻石就是钻石。

在普通的珠宝店，您很难找到合成钻石，合成钻石大多数都是由生产企业直接在网上销售的，通常已经镶嵌在一件漂亮的首饰上。合成小钻石经常用于创造独特的造型设计。

目前，合成钻石的生产成本依旧很高——钻石越大，成本越高，虽然比天然钻石的成本要低一些，但合成钻石仍不便宜。即便如此，合成钻石的产出仍然难以满足需求，尤其是在钻石出产国有人权问题或担忧开采钻石矿对环境有影响的情况下。

实验室合成的粉色钻石，有特征包裹体。

合成无色钻石零售价格（代表性抽样）

价格按美元 / 克拉计算

无色				
重量（克拉）	**琢形**	**色级**	**净度级别**	**价格**
0.34	圆钻形	F	VVS_2	2800*
0.45	圆钻形	G	VS_1	2380*
0.54	圆钻形	I	SI_1	1900*
0.58	公主方形	I	IF	2825*
0.59	圆钻形	G	VS_1	3800*
0.64	圆钻形	G	VVS_1	4600*
0.65	圆钻形	H	SI_1	2150*
0.69	祖母绿形	G	VS_1	3040*
0.70	圆钻形	G	VS_2	3420†
0.72	圆钻形	H	VVS_1	3340†
0.77	圆钻形	G	VS_1	3450†
0.79	圆钻形	I	VS_1	3400*

* 此类零售价格是基于阿波罗钻石公司实际的合成钻石销售信息。阿波罗钻石公司生产的合成钻石，是按合成钻石出售的，此类钻石上都有“人造”的符号，

符合美国联邦贸易委员会的要求。该公司生产无色、近无色、粉色、褐色和黄色的钻石，都是明亮琢形或是花式琢形。合成钻石的重量在不断增加，2 克拉的合成钻石已经能够生产了。阿波罗钻石公司生产的钻石大多数是在 1.25 克拉以下。大部分产品都是以成品首饰直接卖给消费者，包括耳环、多石戒指、手链（总重可达 10 克拉），以及各式各样的拼配极好的项链。所有超过 0.25 克拉的钻石都用激光标记着阿波罗钻石的生产序号。所有钻石都采用 GIA 天然钻石分级体系定级，其中一些出具了 GIA 报告。

† 此类零售价格基于盖迈希钻石公司实际的合成钻石销售信息。该公司生产的合成钻石有一定的形状和大小，他们专注于生产高净度的在 VVS~VS 范围内的合成钻石，他们的彩黄钻是柠檬黄到橙黄色；粉钻和蓝钻的色调经常为“艳彩”或“浓彩”。盖迈希公司还可以生产 G~I 色级的合成钻石。虽然能生产更大的黄钻以及 1 克拉以上的粉钻、蓝钻和无色钻石，但目前，该公司生产的黄钻一般为 3 克拉以下，粉钻、蓝钻和近无色的合成钻石通常都在 1 克拉以下。目前，该公司将合成钻石以成品首饰和裸石的形式直接卖给消费者，钻石的腰部刻有“Gemesis”，大多数合成钻石都有国际宝石学研究所出具的证书。

合成彩色钻石零售价格指南 *

价格按美元 / 克拉计算

粉色			
0.01~0.99 克拉	**VS 级**	**SI 级**	**I 级**
粉色到草莓色	2500~12320	2075~8300	1200~5040
桃粉色	1825~6860	1500~6435	1100~4680
粉棕色	1500~6750	1250~5625	1000~4500
藕粉色	1350~5400	1125~4500	900~3600
1.00~1.99 克拉	**VS 级**	**SI 级**	**I 级**
粉色到草莓色	14140~17900	11740~14880	5400~6400
桃粉色	7380~10040	6160~8360	5040~6080
粉棕色	6480~8880	6075~7400	4860~5920
藕粉色	5940~7200	4950~6750	3960~5400

续表

蓝色			
0.01~0.99 克拉	VS 级	SI 级	I 级
纯蓝	2500~12320	2075~8300	1200~5040
天空蓝	2200~10980	1800~9160	1100~4680
海军蓝	1500~7500	1250~5625	1000~4500
午夜蓝	1350~5400	1125~4500	900~3600
1.00~1.99 克拉	VS 级	SI 级	I 级
纯蓝	14140~17900	11740~14880	5400~6400
天空蓝	11800~16060	9860~13380	5040~6080
海军蓝	6480~8880	6075~7400	4860~5920
午夜蓝	5940~7200	4950~6750	3960~5400
黄色			
0.01~0.99 克拉	VS 级	SI 级	I 级
金丝雀黄	2375~6580	1975~6165	1100~3800
金盏花黄	1350~4860	1125~4050	900~3600
琥珀黄	1200~4320	1000~3600	800~3200
1.00~2.99 克拉	VS 级	SI 级	I 级
金丝雀黄	7260~10360	6060~8640	3780~5400
金盏花黄	5400~6960	4500~6525	3600~5220
琥珀黄	4590~5940	3825~4950	3400~3960

* 零售价格是基于查塔姆公司（Chatham Created Gems and Diamonds）合成的可用的粉色、蓝色、黄色钻石的价格信息。阿波罗钻石公司和盖迈希钻石公司也有粉色、蓝色和黄色合成钻石。

PART 3

第三部分

款式与设计

按您的想法设计并做出成品

第 15 章　选择合适的首饰材料

钻石镶嵌的首饰材料的颜色会影响钻石的颜色，有时是正面的，有时则是负面的。一颗非常白的钻石如果镶嵌在类似于 K 白金、铂金或钯金等白色金属上会显得更白。如果您更愿意用黄色 K 金，从时尚审美角度看，似乎不妥，因为首饰接触固定钻石的部分用白色贵金属比较合适。钻石镶在黄色 K 金首饰上但是使用白色金属做镶爪（用来镶嵌固定钻石的部位）会更合适。

现代款的钻石群镶戒指，小钻镶嵌在三种不同颜色的 K 金上。

一件全部是黄色金属的首饰会使得很白的钻石显得不那么白，因为首饰的黄色体色会反射进入钻石。如果您觉得所选的钻石有点太黄了，把它镶嵌在黄色首饰上，当钻石的周围都是黄色的，金属强烈的黄色调的对比就会使得钻石显得不那么黄。镶嵌彩钻时，黄色环境也会使黄钻的黄色调加深，当然这样也可能会对其他颜色的彩钻起到负面影响。

所以对于“什么才是合适的镶嵌首饰材料”这个问题，其实答案取决于个人喜好和钻石的颜色两方面。我们建议在买比较大、未经镶嵌而且稀有的钻石时，尽量把钻石放在白色的贵金属以及目前能有的多种颜色的K金（包括黄色、玫瑰色、绿色等）材料上进行比较，注意看首饰金属材料的颜色对钻石的颜色会有什么影响。

一旦选择了一种颜色，后续的信息有助于您决定哪一种贵金属符合您的需要。

黄金——永恒的选择

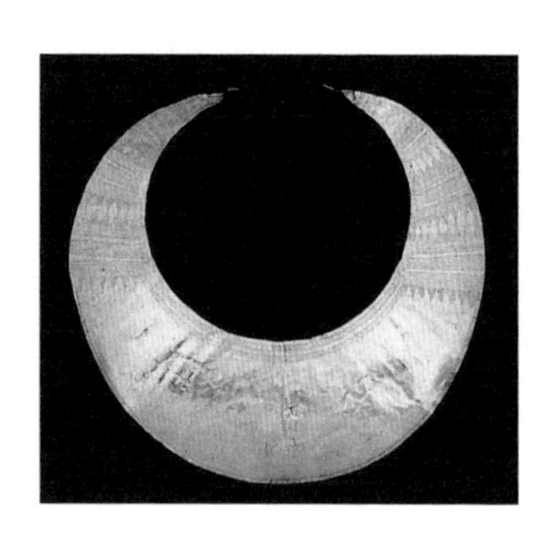

古代的24K足金项饰。自古以来，黄金就被认为是很有价值和梦寐以求的饰物，即便现在依然是很受欢迎的首饰材料，男女皆宜。

现如今黄金首饰非常流行，其款式、颜色和材料的创新使用等比起以往都要多很多，同时镶嵌宝石也是一种很流行的选择。但是，理解各种黄金及其做成的K金材料之间的价格差别的原因是很重要的，这样就不会被看起来差不多的东西搞混乱了。就像宝石一样，同种宝石之间明显的价格差异的根源是其品级的差异，要想在黄金材料上钱花得物有所值的关键是理解它们之间的品质及价格不同的原因。

黄金是这个世界上最贵重的金属之一。黄金物理性质非常软，延展性强，易于加工。1 盎司黄金[①]能被拉伸成长度达 5 英里[②]的金丝线，或者被压扁成面积达 100 平方英尺[③]的金箔。黄金还是最稀有的金属之一。纯金不会生锈或者受腐蚀，能永恒存在。有趣的是，黄金几乎在我们身边无处不在——在地壳、海洋和河流中，甚至在植物中……但是黄金的提取非常困难，并且代价高昂，大约两吨半至三吨的高品位金矿石才能提取出一盎司黄金。

首饰中使用的大部分黄金是以合金的形式存在

如今黄金是首饰中最常用的金属。在使用黄金的占比上，世界上的黄金结婚戒指比其他任何种类的首饰都要多。纯金很软，通常需要掺入其他金属来使得它变得更硬并且不易扭曲变形。当两种或

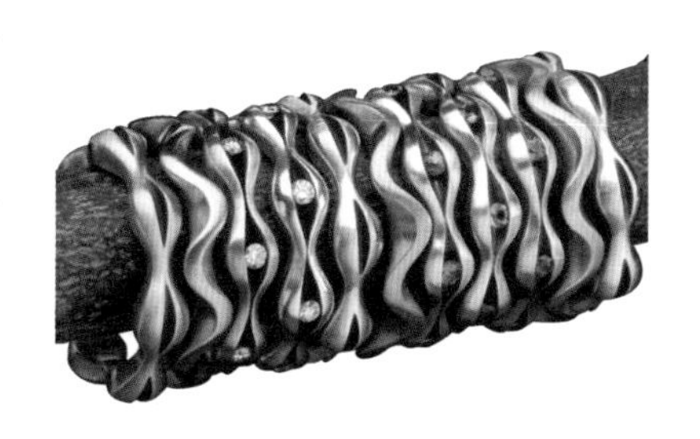

由玛丽娅·基尔里克（Maria Kiernik）设计的“七种子”波纹状戒指，一系列宝石镶嵌在K金的波动空间空隙中，这种戒指的造型使它们可以相互贴靠在一起。

① 1 金衡盎司约等于 31.1 克。

② 1 英里等于 1.609344 千米。

③ 1 平方英尺约等于 929.0304 平方厘米。

者更多的金属通过熔炼混合在一起时，称为合金。绝大多数首饰中使用的黄金是合金，被掺入黄金中的金属也称为合金金属。

什么是“开”（Karat）？与克拉有关吗

在珠宝行业，术语克拉有着两重意思：克拉被用于宝石重量的衡量，1 克拉等于 $^1/_5$ 克；同时克拉还被许多国家用于金首饰上标示黄金的纯度。在美国，当克拉这个词用来标示金首饰上黄金的纯度而不是宝石的重量时，它拼成 Karat（开），简写为 K，以避免与克拉混淆。首饰中应该标记上 K，以表明其纯金含量。

在美国，Karat 标记为 K 或者 KT，标示金属里面金元素的含量。英文单词克拉 karat （carat）来源于一种角豆树的果实：在意大利语里被称为“carato”，在阿拉伯语中被称为“qirat”，在希腊语中被称为“keration”。这种果实里的种子由于相互重量差别极小，在古代被用于宝石称重。同时，纯金的拜占庭硬币称为苏勒德斯金币，重量为 24 克拉。因此，24 Karat 的印记（24K 或者 24KT）就成了表示某物为纯金打造的标识。

为了便于理解 24K 在黄金上的应用，我们假设“纯金”是一块被分成 24 等份的大饼，每 karat 相当于大饼的一块。所以，24K 意味着所有的 24 部分（总共 24 份）都是黄金，换句话说，24K 代表 100% 的黄金。在 18K 的首饰中，18 份是黄金，其他 6 份是其他金属（或者 18/24 =$^3/_4$= 75% 是黄金）；在 12K 的首饰中，12 份是黄金，其他 12 份则是其他金属（或者 12/24 = $^1/_2$= 50% 是黄金）。诸如此类。

在一些文化中，某些首饰必须用24K金来制作。但是众所周知，24K金（纯金）做的首饰很软。世界上有些地方更喜欢使用18K金或者20K金，因为这两种金的黄颜色更加亮眼，甚至被认为更加纯净，更加珍贵。在美国，14K金或者18K金则更受欢迎，因为它们比起K数高的高纯度金更持久耐用。我们通常会提醒客户用高纯度金（20K金、22K金，或者24K金）做镶嵌材料时的风险，因为高纯度金首饰的镶爪很容易在某些情况下弯曲变形，这样易导致宝石丢失。

在一些国家，如意大利，纯金的比例用千分比来标识，总计一千份，相当于24K，750意味着千分之七百五十是纯金：750/1000 = 75/100 = $^3/_4$= 75% 纯金，这对应18K。

含金量标记对照表

美国字印（K数）	含金量（百分比）	欧洲字印（纯度千分比）
24K	100	1000
22K	91.7	917
20K	83.3	833
19K（葡萄牙使用）	79.2	792
18K	75.0	750
15K（常见于老首饰）	62.5	625
14K	58.3	583
12K	50.0	500
10K	41.7	417
9K	37.5	375

新钛合金增加强度和功能性

一种新的合金——用黄金和非常少量的钛混合而成的 990 金，实际上是一种足金，但是在坚固度上有了极大的提高。钛使得这种 990 金的颜色不像其他高纯度金那么黄，有点稻草黄，和 14K 金有点像，这使得它看起来不那么受欢迎。尽管如此，这种合金有着高纯度金极其难得的坚固度。

关于俄罗斯字印

产于俄罗斯的旧式钟表纯度字印用索拉尼（zolotnik）标识，一件旧钟表上面字印 96 表明其纯度是 96 索拉尼，也就是纯金；72 索拉尼相当于 18K ；56 索拉尼相当于 14K 。

能被称为金的材料，最低的含金量是多少

许多国家都制定了能被合法地称为金的材料的最低含金量标准。法律关于金首饰的最低含金量的规定在不同国家是不一样的，比如：在美国，能被称为金的材料最低含金量是 10K；在英国和加拿大，最低含金量是 9K；而在意大利和法国，含金量低于 18K 的首饰都不能称为金首饰。

多色多彩的金合金

纯金永远是金黄色的，但是由于纯金太软，对于许多首饰来说必须添加其他一些金属做成合金来增加其硬度，同时这样的金合金的颜色也因添加了其他金属而发生变化。通常加入黄金首饰中的其他金属包括铜、锌、银、镍、铂、钯（一种铂族元素）等，颜色变化取决于合金元素的量和搭配，许多种颜色的金合金都能被做出来。另一种做法是把 18K 金电镀到 14K 的金首饰表面，这样能让 14K 金的黄色看起来更亮眼点。白色金表面通常会镀铑（一种稀有并且更贵的铂族元素），从而收到一种更白更亮的表面效果。

白色和黄色K金戒指，戒圈既有扁平的也有半圆形的；有亚光效果的，也有亮面的。

使用多种金属合金的组合能产生多种多样的颜色，一些先锋派的首饰设计师如今用一些新的颜色的 K 金来做首饰，包括黑色 K 金、棕色 K 金和蓝色 K 金，营造出引人注目的新外观效果。

塞西·库蒂尔（Sethi Couture）设计的耳饰，通过彩钻和表面氧化处理的 K 金以及串状的花形等元素营造一种往昔岁月的情调。

为什么有些金首饰会把皮肤弄脏 纯金不会褪色或者失去光泽，但是金合金里的其他金属可能会被腐蚀甚至表面褪色，尤其是在潮湿的条件下。我们汗液里的脂肪和脂肪酸会对某些金属产生腐蚀。更重要的是，汗液里的盐分在潮湿条件下，会在金和比金活泼的金属之间发生原电池反应，从而使合金金属腐蚀。被腐蚀变色的合金金属会在接触皮肤的位置产生污点。

烟雾也会是问题之一，烟雾中可能有让K金里的合金金属失去光泽的化学物质，失去光泽产生污点的首饰会弄脏接触的皮肤或衣物。

化妆品也可能是金首饰表面变暗淡的元凶 一些化妆品含有比首饰更硬的化合物。当更硬的化合物与首饰发生摩擦时，会使首饰表面细小的金属颗粒剥落，形成浅黑色的粉末。当这些粉末和皮肤或者衣物等柔软有凹坑空间的表面接触时，就会形成脏点。

有许多种方法用来解决金首饰弄脏皮肤的问题。一种是，经常把首饰取下并用肥皂和水清洗佩戴位置的皮肤，同时保持金首饰的清洁，定期用软布擦拭以清除污渍；另一种是，尝试用一种能吸收的爽身粉，但要不含研磨剂，撒在和首饰接触位置的皮肤上。

合金元素对 K 金颜色的影响表

颜色	元素组合
黄色 K 金	金、铜、银
白色 K 金	金、镍*、锌、银、铂、钯
绿色 K 金	金、银（比黄色 K 金中比例高很多）、铜、锌
粉～红色 K 金	金、铜（有时会少量使用银）

* 备注：有一部分对镍过敏的人不适合佩戴含镍的白 K 金首饰。因此，有些厂家开发出用钯来取代镍的白色 K 金。K 数相同的含钯的白色 K 金成本比起黄色 K 金和其他白色 K 金的成本及售价都要高，但比起铂金还是要便宜许多。

如果觉得 K 金首饰的脏点对您来说是个问题，那么关注一下首饰的造型。宽的弓垫形容易蓄积汗液，表面有内凹槽的戒指会残留湿气并蓄积污垢，容易导致皮炎。

不同颜色深浅的流纹效果 K 金戒指。

最后的办法，尝试换成金含量更高的 K 金或其他制造商的产品。K 金 K 数越大，金含量越高，其合金元素如铜、银、镍等含量就越少，发生腐蚀的可能也就越小。有些人戴同样款式 14K 金的首饰会遇到的问题在戴 18K 金的首饰时就没问题。

有时候换一种看起来差不多款式但是由不同厂商生产的首饰也能解决问题。例如，这个厂家生产的一款 14K 黄色金手镯可能会产生污点，而另一厂家一款差不多的这种手镯可能就不会产生污点。这并不意味着一家的产品质量就比另一家的要差，不同厂家的同种K金的合金元素组合未必相同，或者合金元素的比例也可能不同。它们可能看起来没什么差别，但您可能会发觉戴这一款的感觉比另一款的感觉要好点。

不同的合金元素及其比例的不同会导致不同的颜色，所以您佩戴某一种颜色K金时可能会产生污点，而佩戴另一种颜色的K金时就不会产生。如果您佩戴含镍的K白金首饰会产生脏点，那么换含铂的K白金试试，因为铂也不会腐蚀。

决定价值的不只是重量

重量是决定金首饰价值很重要的一个因素。黄金首饰通常按重量销售，论克或者本尼威特（pennyweight，英制重量单位），20本尼威特是一盎司，1本尼威特等于0.643克。首饰重量是一件首饰中金的实际含量的指标，然而，它并非是唯一的考虑因素。

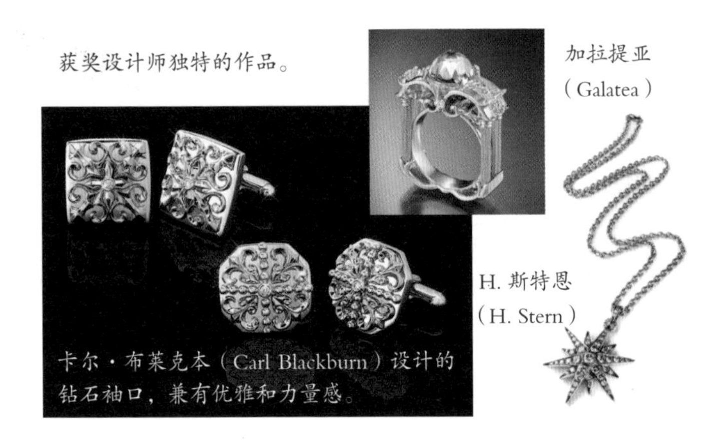

获奖设计师独特的作品。

加拉提亚（Galatea）

H. 斯特恩（H. Stern）

卡尔·布莱克本（Carl Blackburn）设计的钻石袖口，兼有优雅和力量感。

当从一个金首饰加工商那里购买金首饰时，需要考虑的因素除了金的成本外，还要加上劳动和工艺的成本。价格的构成需要从三个方面加以考虑：（1）这件首饰的结构类型；（2）这件首饰的成形工艺；（3）这件首饰的表面处理方法。

首饰的设计和结构类型很重要，不仅是因为它最终的外观，还因为整体设计的特殊细节以及结构会影响佩戴的舒适度和耐

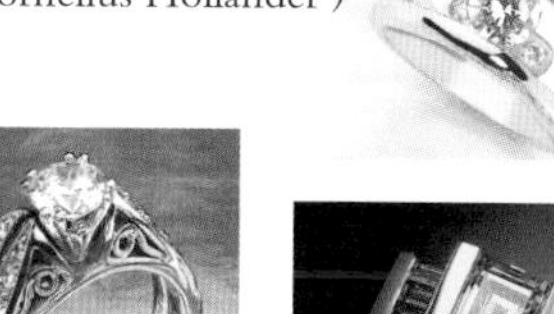

科尼利厄斯·荷兰朵（Cornelius Hollander）

约翰（John）

海格·塔科良（Haig Tacorian）

阿滕西奥（Atencio）

斯蒂芬（Steven）

保罗·柯雷卡（Paul Klecka）

吉恩－佛朗科伊思·阿尔伯特（Jean-François Albert）

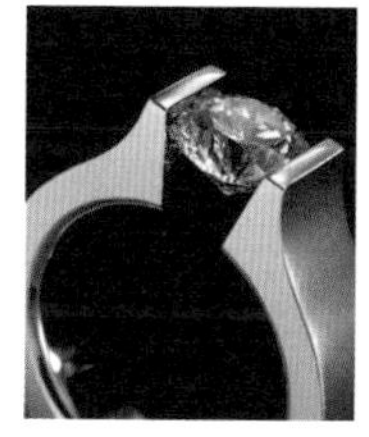

克雷特科莫（Kretchmer）

凯西·沃特曼（Cathy Waterman）

设计和制作工艺上的显著差异使每种戒指都有其独特的外观。

久性，以及戴上和取下的容易程度。优秀的设计需要有才华的设计师，更需要设计师对工艺细节的关心和关注。这一点做好了对任何首饰的价值都会有所增加。

另外，首饰设计也被公认为是一种艺术，首饰设计师也属于艺术家的行列。一些备受赞誉的优秀首饰设计师作品价值高昂，这点和顶级的画家、雕塑家以及其他顶级艺术家是一样的。一件由著名首饰设计师设计的金首饰，尤其是那种定制的，或者限量版的，其售价通常比同样重量和含金量的量产版首饰要贵很多。

表面有特殊肌理处理的耳钉，设计者：亚伦·亨利（Aaron Henry）。

海格·塔科良设计的表面有雕刻效果的戒指。

埃蒂安·佩雷特（Etienne Perret）设计的表面喷砂效果的镶钻戒指。

看一件金首饰，您还要考虑外观设计采取的结构类型。这种结构是简单还是复杂？做工是复杂还是简单？需不需要特殊的工艺和技巧？对设备是否有特殊要求？如果不管设计和结构的因素，只考虑首饰的重量和含金量，这和把一幅油画的价值仅仅定义为油漆和帆布的价值是同一码事。

首饰是机器加工的还是手工打造的？生产工艺的选择也会显著地影响价格　有些特殊设计的结构类型需要部分甚至完全由手工制作，然而其他结构简单的首饰则可以主要甚至全部由机械冲压制作，也有些需要手工和机械加工结合。手工制作的首饰从外观上、手感上、成本和价值上都会与机械加工的有所区别。

表面处理 这也是我们在关注首饰的美观度和价值时需要考虑的因素。例如，关注任何用来使首饰显得更有特色的表面处理工艺和技术，如雕花、拉丝、压花、磨砂等。我们还需要注意首饰是否认真抛光，以除去会影响美观或者可能刮伤衣物的刮痕、毛刺等。要考虑首饰的抛光工艺是手工抛光还是机械抛光。有些首饰是机械加工而成但通过手工进行表面处理。我们还需要考虑对金属本身的表面处理，如喷砂处理等。这些处理工艺的每一步，或者每一种技巧，会增加甚至显著地增加首饰的价值。

总结

许多金首饰第一眼看起来没什么差别，然而，当仔细检查后通常能很清楚地发现它们在质量、价值上的差别。请教珠宝商帮您了解如何比较它们之间质量的差别。只有细致地评估所有的因素，您才能学会鉴别金首饰并认识到成本的差异和真实的价值。

这款由詹姆斯·布雷斯基（James Breski）设计的胸针，工艺十分复杂，使用蓝宝石、红宝石、祖母绿、钻石等宝石构造不同的几何线条，其颜色变化有着独特的异国情调，容易让人联想到装饰艺术时期的风格。

便宜货真的便宜吗

注意K金首饰成色不足的情况，这是一个世界范围内的问题。如果一件金首饰成色不足，那意味着首饰上标注的K数（含金量）实际上未达到。零售商都明白，他们销售成色不足的K金首饰是想让顾客感觉他们的东西物超所值，但如果成色不足（含金少，其他合金元素多），顾客反而没有得到便宜。不幸的是，绝大多数顾客并不知道他们买到的K金首饰成色不足。有的客户买的14K或者18K的首饰最后发现只有8K或者10K，甚至更少。由此，买金首饰时找一家信誉好的商家也是非常重要的，这样的商家会在鉴定货源上下功夫。

寻找厂商的注册商标　确保首饰的金含量以正规的格式标注才是真正要紧的，这样才能买到自己所要的东西。从一个可靠的货源处购买是第一步，另外，找到厂商的注册商标：一个在K数印记旁边的字印。如今，为了避免和客户产生纠纷从而带来相关责任，越来越多的珠宝商只从在美国联邦专利与商标局注册了商标并在产品上打上商标字印的厂商进货。购买有厂商注册字印的金首饰是一种确保您的消费物有所值的办法，因为这些产品可以从网上或者查询电话中查找到厂家名称和相关信誉度。

很好且昂贵的金首饰始终应该检测后再买。准确的含金量需要复杂的化学或电子分析检测，因此通常只需要大体地测定含金量，确认K数是否出现了严重偏离以至于影响首饰的价值以及所支付的价格。在大多数情况下，任何珠宝商或者宝石鉴定人员都可以仅仅依靠一个测金仪或者通过条痕测试法来判断金首饰的成色。需要注意的是，电子测金仪在遇到镀金层很厚的首饰时测出来的结果可能不准。因此，条痕测试法通常更保险，但是测试者必须使用锉刀或者碳化刻针，在首饰表面划一道很深的划痕，确保刺穿可能有的镀层，才能得到准确结果。

关于首饰含金量以及对应的标示印记有着严格的法律界定。花点时间去了解一下想买的东西，只去信誉好的商家处购买，并且确保产品被测试过。如果按我所说的去做了，您所买到的金首饰会带给自己一生的愉悦感。

铂金：冷酷、经典、现代

铂金比黄金更为稀有并且价值更高。铂族元素有六种——铂、钯、铱、锇、铑、钌。这六种银白色的金属元素在自然界通常容易被集群发现。铂和钯最丰富，铱和钌最稀有，同时也最贵。铂金比大多数贵金属更稀有，比重更大，并且最纯净，通常被认为是“最高贵”的。

早期的铂金工艺品。

由于铂金是如此纯净，所以它不会导致过敏反应，这一点对于那些对某些合金中的部分金属元素敏感的人来说很重要。某些合金金属会导致一系列的身体反应，从皮肤过敏到花粉热、哮喘等。另外，铂金比其他贵金属都要贵，并且延展性更好，在镶嵌一颗比较脆弱的宝石时风险会更小。由于以上提及的这些优点，顶级的珠宝商更愿意使用铂金，尤其是在制作结构复杂的首饰时。

铂金的印记

不像黄金，铂金的纯度不用K数标记，而是用含铂量的千

当代设计师设计的铂金首饰。

分数来标示。在美国,含铂量不少于950/1000的可以被认为是“铂金”。这样的首饰被标上铂金 platinum 的缩写 PLAT，或者带具体含量的标志 Pt950 或者 950Plat。含铂量低于 950/1000 的铂金首饰必须按照规定把含铂量标示出来。

例如，铂含量在 900/1000 的需要标记上 900Plat 或者 900Pt，铂含量在 850/1000 的需要标记上 850Plat 或者 850Pt（这种通常用于制作铂金手链，这种其他合金元素含量高的铂合金的强度和韧性都会得到强化）。在美国，铂金（platinum）用两个字母的缩写 Pt 或者四个字母的缩写 Plat 都是允许的。铂含量在 500/1000 及以下的不能称为铂金，也不能标记 platinum 或者这个单词的任何缩写。

对于铂和其他铂族元素组成的铂合金，也有相应的标记规则。比如“900Pt/100Ir”就是标示合金含有 900/1000 的铂和 100/1000 的铱，这是铂合金在美国最常见的标示方法。旧款的铂首饰上的印记可能是“900Pt” 或者“900Plat”，没有关于铱的标示是因为当初习惯于认为标示 900Pt 就表示含有 100/1000 的铱。也有些旧款的首饰上面的印记会是 IRIDPLAT 或者“90% platinum 10% iridium”。

钯金　钯是铂族金属元素之一，是铂金和 K 白金一种很好的替代品。说它是铂很好的替代品是因为它不那么稀有，并且便宜许多。说它是 K 白金很好的替代品是因为它比较纯净，不像其他某些金属或者合金会使皮肤出现过敏症状。钯金也是白颜色，硬度高，整体耐磨性能和铂金接近，但是密度更小，和 K 白金的密度接近，这使得它用来做耳饰或者吊坠很合适。钯金用来做戒指也不错，尤其适合用来复制一些 20 世纪早期装饰风格的戒指。

铂合金的过去和现在

通常来说，铂合金是为了增加强度，而在纯的铂中加入另外的铂族元素金属，以维持其纯净度。如今，越来越多新的铂合金面市，这些铂合金有着不同的功能，能迎合不同种类的首饰加工需要。例如，硬铸造的铂合金做出来的首饰对于紧密镶嵌很适用，热处理的铂合金能在首饰加工好后变硬从而更加坚固。铂铱合金被用于做组合首饰，铂钌合金被用于做机加工的结婚戒指，铂钴合金在铸造中能有更精美的细节效果。这些特殊的铂合金元素组合是有专利的，尽管铜、钨、钴、金等都能用于制作铂合金，但是铂通常还是与其他铂族元素组成合金。和 K 金不同，不同铂合金之间的颜色差异非常小。更重要的是，如今市面上的各种铂合金的含铂量都非常高，至少为 90%（用于制作手链的除外），而且主要是与其他铂族元素组成合金，这有效地确保了铂合金为最纯净和最“高贵”的金属的声誉。

低“K”铂金　近些年，有几种面市的铂合金不是为了增加铂金的强度或者为了更方便地制作特殊品种的铂金首饰，而是为了向那些觉得 Pt950 铂金太贵的人提供一种价格实惠的白色贵金属。

我们之前关于白色 K 金的讨论中，提及过铂 / 金合金是一种不含镍的K白金。这种K白金消除了传统含镍K白金可能带来的过敏反应，而且它的吸引力在于，尽管比含镍白K金要贵，但是还是比铂金要便宜实惠。当然，这种铂/金合金不能被描述为一种“铂合金”，而是一种“白色K金”。

如今，一种“K铂金”的新铂合金被开发出来。这些新的铂合金里的铂含量比传统的铂合金要少很多（大部分只含有585/1000，甚至更少），这使得它们相对于其他传统铂合金的价格要便宜许多，甚至比起铂/金合金还要便宜。这种新的“K铂金”铂合金的印记被建议标成“585Plat.0PGM”，这标示铂含量为585/1000，没有其他铂族元素。“K铂金”里面的合金元素是铜和钴，许多首饰零售商急切地盼望这种便宜实惠的铂合金尽早面市以飨消费者，这对于那些寻找无镍白色贵金属替代品的消费者来说是一种很有吸引力的选择，甚至比已经面市的铂合金更有吸引力。

这些复杂多样的铂合金会让消费者对他们到底在买什么东西感到困惑。更重要的是，由于这些铂合金并不符合长期以来就存在的关于铂金纯度的标准，与其他贵金属的标准截然不同，许多首饰工业集团建议首饰用的铂合金含铂量至少在850/1000以上才能标记上铂金的相关字印出售。美国联邦贸易委员会（FTC）目前在审查关于“K铂金”和类似合金的问题，检查当前的关于这样的铂金指导条例，以确认这样的铂合金该如何去描述和标记才能避免混乱和失实。这可能会耽搁这些新的铂合金的面市时间，但我们期待能在不久的将来看到用这些新铂合金制作成的让人兴奋的新首饰作品。

铑镀层增加白色度和亮度

铂族元素里面亮度最高和反光性最强的金属就是铑。由于铑的这种特性，我们通常会使用它给银、金或者钯等首饰电镀一个镀层作为最终表面。铑比铂更硬、更白，并且有很强的抗腐蚀性。铑如此硬，使它不会像金镀层那样容易磨损。

合金镀铑镶钻石戒指。

铑镀层能消除对某些贱金属的过敏反应 K 白金里含有镍等贱金属的应该进行表面镀铑处理，尤其是某些 10K 和 14K 的白金。铑镀层能消除白色 K 金中贱金属与皮肤接触可能带来的过敏现象。而这些贱金属是黄金转变成 K 白金时常用的。

铑的点金术 铑镀层的另一个用途是把黄色金首饰的颜色转变成铂白色。如果家传首饰的颜色是黄白色的，或者自己以前喜欢黄色首饰现在更喜欢白色的，可以把首饰拿去镀一层铑，这样可以把颜色转变成铂白色，而且因为铑的硬度，这种颜色变化可以保持很长一段时间。当您的首饰上面的黄色开始显现时，您只需要把它拿去再电镀一次铑就可以了。

选择白色 K 金还是黄色 K 金

您需要做的第一种选择是颜色，具体选择通常根据个人爱好、肤色，以及您已有的其他首饰的颜色。记住：在考虑黄色

K 金时，目前市面上有的黄色调 K 金包括浅绿黄色、浅粉黄色和金黄色。

如果您的选择是黄色，您需要做的决定是用 14K 还是 18K 或者更高 K 数的黄色金。在有限的预算内，14K 是比较经济的选择，它同时也比 18K 的要更硬。一个值得注意的区别是 18K 的黄金要更亮（同样 20K~24K 的黄金会更亮，更接近金黄色）。如果您喜欢更亮的黄色但又买不起 K 数高的黄金，买一件基质是 14K 的黄金但表面镀层是 18K 黄金的首饰，几年后表面镀层也许会被磨掉，但您可以找珠宝商以合适的价钱重新电镀。

设计师：马克（Mark）希尔弗斯坦（Silverstein）风格的镶钻首饰可以用各种金属材料制作，选择多样。

如果您更喜欢白色的贵金属，您的选择就会更复杂。白色 K 金、铂金和钯金看起来都没多大区别，尽管它们是完全不同的东西。如我们前面所提及的，铂金是最昂贵的，所以如果您的预算有限的话，钯金、低 K 数铂金或者白色 K 金可能是比较好的选择。钯金除了比铂金的比重轻许多外，其白颜色和铂金很接近，其他性质也比较相似。如果您选择钯金首饰的话会发现能买到的款式会少很多。18K 白金比起铂合金来说要硬很多，也更抗磨和抗刮擦，另外白色金常常会带有一

使用 18K 白和 18K 黄金的分色戒指显得钻石很醒目，阿里山（Alishan）收藏。

镶嵌了一颗皇家阿斯切琢形钻石为主石，并镶有一些小圆钻的铂金戒指。

点棕色调或黄色调，需要表面镀铑处理，时间长了镀层会磨掉，但是珠宝商可以在合理价格内重新电镀。

白色K金相对于铂金、钯金和黄色K金，一个明显的劣势在于比较脆。所以如果您的首饰是白色K金制作的，最好每年去购买的珠宝商那里检查一下镶嵌宝石的镶爪位置。

K白金还会有应力腐蚀，这对于铂金或者钯金来说是不存在的。由于含有贱金属，镍合白金会导致一系列的过敏反应，有些还比较严重，这也使许多欧洲国家立法禁止镍合白金在首饰上的使用。因此，铂合白金，或者新的585Plat铂金也许是那些觉得铂金太贵的人一个更好的选择。

铂金相比起K白金较软，但是也更具延展性，这使它在做一些对手工艺要求比较高的复杂镶嵌结构时是比较理想的材料选择。用铂金来做密镶相对容易。密镶是宝石在首饰表面尽可能密集地排列的一种镶嵌方式，就像表面铺满了宝石。铂金能使首饰加工师傅在镶嵌时把镶爪做得更大，而且铂金更容易贴合宝石的形状，这样镶嵌起来更安全，降低了把宝石挤压损坏的风险。

铂金最重要的优点在于，尽管它比K白金要软并且可能会出现划痕，但它耐久性更强，而且不像黄金那样易磨损。因此，随着时光流逝，铂金首饰比黄金首饰更经久耐用。钯金的优点则和上面所说的铂金的优点差不多。

如今，铂金和铂金与黄金组合制作的首饰款式越来越多，许多以前很难做到的铂首饰的设计，也在我们前面介绍过的新的铂合金的使用下变成现实。我们同样看到许多别的贵金属材料做的首饰如今用钯金也能制作出来了。

归根到底，您可以从自己需要的角度衡量一下每种贵金属的优点和缺点。无论选择了哪种贵金属，您都会发现许多漂亮的款式和设计。如果保养适当，每一件所选择的首饰都将陪伴您一生。

现代风格设计的铂金手镯。

新兴的首饰用材：钛合金、不锈钢和钨钢

如今一些先锋派的首饰设计师在寻找一些大胆的、舒适的以及更便宜实惠的首饰材料，来替代传统的金、银、铂等贵金属材料，并把视野聚焦于一些非传统的金属：钛、不锈钢和钨钢等。这些金属供应量很大，而且这几种都很舒服、耐磨，并且保养容易。

现在首饰设计师会完全使用这些金属里面的某一种来做首饰，这对于男士甚至女士都很有吸引力，有时还会和 14K 或者 18K 黄色金、银或者铂组合来制作首饰。有些甚至把钻石和其他宝石也包镶在某些位置，当然更多的是和橡胶、皮革和木材等一些其他非传统首饰材料一起搭配使用。这些新材料制成的结婚戒指甚至变得很受欢迎。

钛

对于钛来说，最有名的应用是在太空探索工具以及自行车架上，对于首饰行业来说，它同样也是一种经济实惠的新材料并且变得越来越流行。钛单独使用时会有一种很有吸引力的白色金属色，如果与金做成金钛合金则会呈现出稻草黄色。钛和其他金属做成合金还能产生一些其他颜色，比如黑色以及令人惊叹的彩虹色等。钛的密度很小，能抵抗盐水腐蚀和光的损害，并且过敏性很弱。另外，它还不会产生凹坑和污点。

Ed Mirell 品牌的一件男士钛合金首饰组件，主体为温宁钛（winning titanium），中间蓝色条带为阳极氧化处理发蓝的钛合金，并镶有小钻石。

不锈钢

不锈钢正在成为首饰界最热门的材料之一，许多设计师喜欢用它和金一起设计，因为它的钢灰色与粉色 K 金以及黄色金的组合有着强烈的颜色对比，设计感十足，并且目前不锈钢单独使用做首饰也很热门。锻造的不锈钢首饰没有维护成本，因为它既不会生锈也不会氧化，而且这种经久耐

红色 18K 彩金和锻造不锈钢做的镶钻戒指。

用的金属制作的首饰坚固干净，价格实惠。

William Richey 品牌的不锈钢袖扣，有的由不锈钢做成，有的由不锈钢与 18K 金混合做成，部分镶有钻石。

钨钢

钨通常是一种很硬而且密度大的金属，它的密度和 18K 金接近，这使它对于那些想找一个重一点的戒指的男士来说很有吸引力。当钨用碳和其他元素处理形成碳化钨合金钨钢后，它变成一种非常坚固耐用、抗磨损的金属。碳化钨合金钨钢是世界上最硬的金属材料，大概比 18K 金硬 10 倍，比钛硬 4 倍，并且有一种比其他金属都要持久的强烈抛光效果。因此，钨钢需要特殊的加工设备，并且需要用金刚石研磨加工，这样显著地增加了钨钢首饰的成本，并且使钨钢能做的首饰款式有限。如今，市面上基本只有钨钢制作的戒

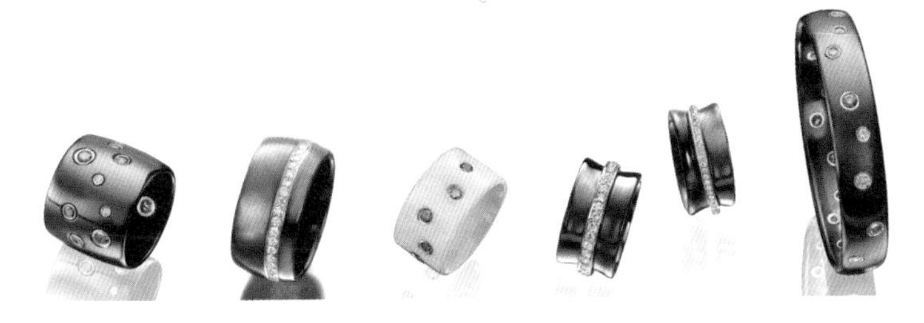

著名艺术家埃蒂安·佩雷特设计的一种独特的首饰，把天然钻石镶嵌在塞拉米克（ceramique）陶瓷中。塞拉米克陶瓷是一种埃蒂安·佩雷特认为比较环保的贵金属替代材料。如上图所示，无色和粉色的钻石镶嵌在不同颜色的塞拉米克陶瓷上，诠释了首饰材料的多样性。

指，并且它们的价格比钛首饰和不锈钢首饰来说要贵很多，接近 18K 金或铂金戒指的价格。

消费者选择钨钢首饰不是被它的价格吸引，而是喜欢钨钢的特质和耐用性。钨钢的灰色调与众不同，有特色，当它和金或铂镶嵌在一起使用时有着强烈的对比感。无论是单独使用还是和其他贵金属以及钻石一起搭配制作，钨钢戒指都有一种非凡的格调，这是一种看起来注定会在未来大放异彩的首饰新材料。

第16章　镶嵌设计的选择

对镶法的选择应该基于个人喜好来决定。尽管如此，熟悉一下最常见的镶嵌方式，您就会对这些专业术语有所了解，并且对什么样的设计能制作出来心里有数。无论您在找哪一类首饰——戒指、耳饰、吊坠、手镯、手链……这些术语都被用来描述它们的镶嵌方式。

镶嵌的类型

主石为皇家阿斯切琢形的包镶戒指。

部分包镶的单粒宝石首饰。

包镶　包镶中，金属环绕着宝石并用其边缘卡住宝石以实现镶嵌。包镶可以是笔直的边，也可以

优雅的五颗并列钻石戒指，有着错综复杂的镶爪结构。

这件戒指的祖母绿琢形主石上每个角都有两个爪固定，其梯形琢形的配石也是爪镶固定。

爪镶的粉色钻石主石戒指。

现代风格的筒镶戒指。

是扇形的边，以及任何适应宝石形状的塑形。包镶中宝石的背部（亭部）可以是开放透光的，也可以是封闭起来看不见的。包镶能保护宝石的边缘，避免破碎和产生裂纹，同样也能隐藏宝石边缘的瑕疵，这既是好事也是坏事，好与坏取决于您事先是否知道宝石被遮盖部位有没有瑕疵，以及付的价钱是否合理。

记住，如果使用黄色 K 金做包镶，围绕宝石的包边槽缘的黄色会反射进宝石，使透明的宝石显得不那么白。另一方面，黄色 K 金做包镶又会使一些彩色钻石的颜色得到加强。

包镶的一个小变种是筒镶，它看起来外观和包镶接近，但筒镶会使用 K 金圆筒导管。

爪镶　爪镶可能是最常见的镶法，其变化多种多样，常见的有四爪镶、六爪镶，以及类似于围巾爪镶、鱼尾爪镶、共爪镶和蒂芙尼六爪镶等特殊款式。另外爪镶的爪可以是尖爪、圆爪、扁爪、V 形爪等，多出的爪能使被镶嵌的宝石更安全，而且能使宝石看起来更大气。然而，宝石太小而爪太多了会使宝石有种被压制的感觉，并使宝石看起来显小并且整体偏重。用尖爪镶时，我们推荐呈V形的尖爪，这样有助于保护尖爪。对于祖母绿切工之类有倒角的宝石，扁平爪是比较好的选择。

小颗粒钻石通过轨道镶法镶嵌在这个造型复杂的戒指交叉的戒臂上。

藏镶（抹镶） 这种镶嵌法，戒指顶部有个做好的小洞将宝石放入，金属会包住宝石的亭部，镶宝石部位的金属重量比戒指脚部的重量要重很多。

优雅的戒指，小圆钻通过钉镶法全面镶嵌，能环绕整个戒指。

幻象式镶法 幻象式镶法是让被镶嵌的宝石看起来更大气的镶法的总称，具体的镶法其实有好多种。

平顶镶和珠镶 在平顶镶里，刻面宝石被放入金属平顶上的一个小洞中，并由用焊料焊起的小钉顶住宝石的腰棱固定。有时这些金属钉的顶头做成小珠状，所以这种镶法有时也被称为珠镶。

上面的两个是订婚戒指，主石分别为钻石和珍珠。最下面那个是结婚戒指，相同点是都有做工精美的密镶小钻。

轨道镶（壁镶） 轨道镶现在被广泛使用，尤其是婚戒品牌。宝石被并排放入首饰表面已经车好的槽位中，宝石之间密集排列，没有金属将它们分隔开。有些款式中，镶口的轨道槽环绕整个戒

簇镶的耳饰。

在这个微镶的耳饰上，非常细小的钻石覆盖住了几乎所有可见的金属部位，甚至连镶爪都看不到了。

指，这样镶嵌好的宝石就会在戒指上连成排环绕一圈。

钉镶　这种镶法和轨道镶有点类似，融合了现代和经典的外观设计。它通常呈环带状，使用小圆钉取代镶爪，每颗宝石之间用细长的小钉分隔固定。

密镶　这种镶法是将许多小宝石用共用的很细的金属小钉密集地镶嵌在一起，看起来就像表面铺满了宝石，钉看起来不明显。密钉镶可以是平面的，也可以是圆顶形的，有时远看起来就像一颗挺大的单粒宝石。好的密钉镶首饰会很贵。

簇镶　簇镶通常由一颗大的宝石和几颗小的宝石一起组成，通常设计成大宝石为主体、相对突出，其他小宝石起陪衬作用。

微镶　微镶其实也是密镶中比较精细复杂的一种，但用的钻石都非常小，需要使用放大镜辅助操作，用非常精细的小钉或者框架固定宝石的顶面或者侧面。微镶首饰都很漂亮，但这种镶法的首饰里的小钻石就不那么稳固保险，佩戴起来有时会发生小钻石脱落的情况，尤其是在与其他物体发生接触碰撞较多的戒指上比较常见。

与众不同的现代镶嵌

如今有许多很有趣并且与众不同的新设计，给消费者带来许多新东西。精密铸造能生产高质量的镶口，只需要把石头嵌进去。有些公司生产半镶嵌首饰，配石在首饰铸造时就已经镶上去了，只需要把您选择的主宝石镶嵌上去，这使得开发一些新的戒指款式或者给另外的首饰重新镶嵌变得容易且便宜。

越来越多的定制珠宝设计师开始努力迎合如今的大众市场需求。类似于有美国宝石贸易协会（AGTA）赞助的光谱奖（Spectrum Awards）设计师大赛，或者由钻石信息中心（Diamond Information Center）赞助的钻石国际大奖（Diamonds-International Awards）这样的国际珠宝设计大赛，都会在赛后或者在某些展会上提供一个展示柜，用来陈列展示获奖作品。这使新设计、新款式的选择变得无穷无尽，包括从创新大胆的黄金和铂金雕刻组合到复杂的仿古首饰。

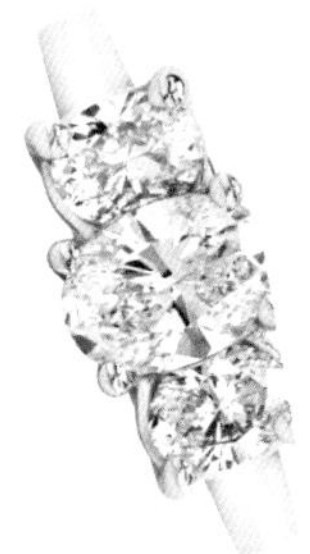

左图：约翰·戴维·库尼（John David Cooney）设计的三石联排戒指，主石旁边有着细小钻石配石组成的“光晕”，雕刻的镂空戒臂有种传家宝的感觉。
右图：尤金·比罗创作的经典的三石戒指有一种永恒的优雅感。

符合您生活方式的镶工

当您选择任何首饰时，考虑一下自己的生活方式很重要。对于戒指和手镯、手链的佩戴可能产生的磨损要抱一种现实的态度。记住，没有什么珠宝首饰是坚不可摧的。即便是钻石，这种自然界目前为止所知最坚硬的物质，如果被尖锐物体猛烈撞击也会开裂或者出现缺口。

非常适合热爱运动的人佩戴的首饰。

活跃的户外运动，可能需要注意避免佩戴类似于马眼形或者梨形宝石的戒指，因为这两种琢形的宝石有尖头。宝石的尖头容易碰出缺口或者裂隙，而户外运动有时可能会使佩戴的宝石受到突然或者尖锐物品的撞击。

另外，戒指的柄部和镶爪部位时间长了会出现磨损的痕迹。事实上，随着时间流逝，您偶尔在花园干点活、去沙滩玩、爬山、抬雪具、骑自行车，或者任何重复性的与戒指接触或使用，都会导致戒指上相关接触部位产生污损。

经典的四爪或者六爪镶戒指佩戴在活动比较少的那一代人身上挺好，但对于现代妇女来说就不那么合适了。如果您的日常安排中各种活动很多，您还是应该明智地考虑一种比较稳固的戒指类型，记住稳固和优雅并不一定相互排斥。例如，包镶对于活动比较多的女士更适合，它能保护宝石，且不会降低宝石的亮度，同时给您更多的安全感。

由于日常活动可能会慢慢地把戒指镶口弄松，去找一家信誉比较好的珠宝商，每半年检查一下镶口和相应部位是很重要的一件事。氯化物会伤害镶口的焊接位和应力点，所以如果您经常去用氯化物消毒的游泳池的话，记住下水前摘下您的首饰。

按照人体工程学设计的说法，戒指的指圈通常是圆的，虽然手指头不是。顶头偏重的戒指会顺着手指打转，除非戒圈的轮廓是方形的或者依着指头形状紧箍的。还需要记住，戒指的侧面还会随着时间的推移慢慢磨损。

选择合适款式的小窍门

1. 设置一个现实点的预算范围，以消除困惑和可能带来失望的诱惑。

2. 去各个珠宝店转转，对现有的款式熟悉一下，以便提高眼光并清楚自己实际所需要的东西。

3. 试一试不同的款式。首饰戴在身上更容易看出差别来，这点对于戒指来说尤其如此。我们曾经见过许多男士女士，一开始他们坚持认为不喜欢橱窗里的某个戒指款式，而当他们试戴了后，都喜欢上了。

4. 如果您想让一颗比较小的钻石显得较大，让人印象深刻，可考虑佩戴耳饰时穿一件有趣的夹克衫，或者戴戒指时穿长外衣，这能使您佩戴的首饰融入衣着的背景，从而使首饰很显眼。

5. 如果您在选择一枚订婚戒指，记住，您还会再买结婚戒指并佩戴上，因此要确定选择一个能和自己所考虑的结婚戒指相协调的款式。

国际戒圈规格对照表

美制度衡	英制度衡	法制 / 日制度衡	公制周长（毫米）
$^{1}/_{2}$	A	—	37.8252
$^{3}/_{4}$	$A^{1}/_{2}$	—	38.4237
1	B	—	39.0222
$1^{1}/_{4}$	$B^{1}/_{2}$	—	39.6207
$1^{1}/_{2}$	C	—	40.2192
$1^{3}/_{4}$	$C^{1}/_{2}$	—	40.8177
2	D	1	41.4162
$2^{1}/_{4}$	$D^{1}/_{2}$	2	42.0147
$2^{1}/_{2}$	E	—	42.6132
$2^{3}/_{4}$	$E^{1}/_{2}$	3	43.2117
3	F	4	43.8102
$3^{1}/_{4}$	$F^{1}/_{2}$	—	44.4087
$3^{1}/_{4}$	G	5	45.0072
$3^{1}/_{2}$	$G^{1}/_{2}$	-	45.6057
$3^{3}/_{4}$	H	6	46.2042
4	$H^{1}/_{2}$	—	46.8027
$4^{1}/_{4}$	I	7	47.4012
$4^{1}/_{2}$	$I^{1}/_{2}$	8	47.9997
$4^{3}/_{4}$	J	—	48.5982
5	$J^{1}/_{2}$	9	49.1967

续表

美制度衡	英制度衡	法制 / 日制度衡	公制周长（毫米）
$5^1/_4$	K	10	49.7952
$5^1/_2$	$K^1/_2$	—	50.3937
$5^3/_4$	L	11	50.9922
6	$L^1/_2$	—	51.5907
$6^1/_4$	M	12	52.1892
$6^1/_2$	$M^1/_2$	13	52.7877
$6^3/_4$	N	—	53.4660
7	$N^1/_2$	14	54.1044
7	O	15	54.7428
$7^1/_4$	$O^1/_2$	—	55.3812
$7^1/_2$	P	16	56.0196
$7^3/_4$	$P^1/_2$	—	56.6580
8	Q	17	57.2964
$8^1/_4$	$Q^1/_2$	18	57.9348
$8^1/_2$	R	—	58.5732
$8^3/_4$	$R^1/_2$	19	59.2116
9	S	20	59.8500
$9^1/_4$	$S^1/_2$	—	60.4884
$9^1/_2$	T	21	61.1268
$9^3/_4$	$T^1/_2$	22	61.7652
10	U	—	62.4026
$10^1/_4$	$U^1/_2$	23	63.0420
$10^1/_2$	V	24	63.6804
$10^3/_4$	$V^1/_2$	—	64.3188
11	W	25	64.8774

续表

美制度衡	英制度衡	法制 / 日制度衡	公制周长（毫米）
$11^1/_4$	$W^1/_2$	—	65.4759
$11^1/_2$	X	26	66.0744
$11^3/_4$	$X^1/_2$	—	66.6729
12	Y	—	67.2714
$12^1/_4$	$Y^1/_2$	—	67.8699
$12^1/_2$	Z	—	68.4684

第 17 章　钻石首饰的养护

能长时间享受珠宝带来的乐趣的关键在于知道如何去养护并保护好它。然而，我所了解到，大部分人不知道包括哪些适当的养护常识。所以，这里有一些小窍门能帮助您在购买钻石首饰后继续获得喜悦感。

细心保存好首饰

把首饰分开放置以免相互刮碰。把高档的首饰放进软袋子或者用软布包裹，这样有助于保护。不要让您的珠宝箱过分拥挤，这样容易导致放错地方或者找不到。把首饰硬挤压进首饰盒可能会导致损坏、弯曲，比较脆的首饰更应注意。

细心地拿和佩戴钻石首饰

每隔一年至一年半找位可靠的珠宝商检查一下每件好点的首饰，确保镶口正常、安全，尤其是爪镶的首饰。如果感觉到上面镶嵌的宝石在晃动，这提醒您镶爪或者壁包镶位有所松动，需要加固弄紧。如果没处理好可能会导致宝石脱落或损坏。

养成在泡澡或淋浴前脱下首饰的习惯。肥皂会在首饰表面形成一层薄膜，从而降低钻石的活力和美。钻石需要经常性地清洁。要在化妆或者搽粉时把首饰移除，化完妆后洗手然后佩戴首饰。

不要戴着镶嵌钻石的14K（或者K数更低）金首饰在有氯化物消毒的游泳池中游泳或者把金首饰放在有氯漂白剂的水中浸泡。氯化物会腐蚀K金，甚至会导致镶嵌的宝石脱落。类似于氯化物和氨水这样的化学品会导致K金或其他合金褪色，或者使许多宝石表面光泽受损（这时需要把宝石拿去重新抛光以恢复光泽）。

不要在干粗活时佩戴高档的首饰，尤其是工作现场可能会接触到研磨材料或者化学品。研磨材料可能会刮花钻石旁边较软的配石，也可能刮花金属。

避免把高档首饰暴露在强热中（比如炒菜时）。暴露在很热的地方——接触热锅的把手或者离火苗和蒸汽太近，都可能导致许多种宝石破裂损坏。注意：珐琅在接触到高温而急速升温时可能会毁掉。我得知某人曾有过一件很精美的古董钻石戒指，戒指柄有漂亮的珐琅装饰，有一次手拿过热的壶把时，手上还戴着那枚古董戒指，珐琅质与热腾腾的壶把接触，直接融化了，毁了。

不要把一些镶有特殊宝石的首饰放在保险箱里时间太长。钻石、红宝石、蓝宝石这样的宝石不会有什么不利影响，但是一些其他宝石，类似于欧泊和祖母绿等，如果在极端干燥的环境中时间太长就会出问题。这样的宝石，如果必须长时间放在保险柜或者银行金库中，最好把一块湿布和这些首饰一起放进盒子里，在有条件的情况下不时地检查一下布是否还是潮湿的。

关于戒指养护的小窍门

当把戒指戴上或者从手指上取下时，尽量不要触碰上面的宝石，而要抓住戒指环绕手指的金属部位（这个部位称为“戒指柄”）。抓住戒指柄而不要去抓镶石位置是为了不让手上的油脂留在宝石上，否则会形成油脂膜，极大地影响宝石的亮度和闪耀度。

为了保持戒指的闪亮，养成给它们哈气的习惯。这是一个用来除掉宝石表面的脏物和油脂层的小窍门（脏物和油脂层产生于我们不正确地戴上和取下戒指，或者在于偶然地用手摸宝石，这两点是大多数人意识不到的）。每次接触宝石，都会有一个很薄的油脂层被涂抹到宝石顶部，从而降低宝石的美观度。为了恢复宝石的亮度，只需要简单地拿起戒指靠近您的嘴巴并尽力往上面哈气，您会看到宝石表面有点雾状，然后拿起一块不起毛的软布擦拭，手帕、围巾之类都可以。一会儿，您就会惊奇地发现表面的油脂层被擦拭掉了，整个戒指漂亮多了。

不要把戒指脱下来放在洗手盆的旁边，除非确认洗手盆下水口是关闭的。同样，不要在家以外的地方洗手时把戒指取下来，许多人就是这样把戒指弄丢了。

旅行须知

出门旅行时携带着首饰，不要把它放在要被检查的行李中，也不要放在会被交给酒店服务员领班或者船上搬运工的行李中，要放在自己身上。

不要把首饰放在酒店房间里。如果有可能，去要一个保险箱来存放您的首饰，哪怕只是半天。小心某些房间里的保险箱的密码是固定程序操作的，这样专业人员能很快破译这样的密码，保险箱也就不保险了。

买一个“随身袋”，也就是当您必须携带一些很贵的首饰时可以把它们放入这种袋子里，并随身隐藏在衣服后面。谨记，出门旅游时不要把贵重东西放在手提包或口袋里。

建一个自己的首饰相册。您不需要拍出很专业的照片，简单地把首饰摆在一个平面上拍照就行。这在发生抢劫或者盗窃案后是向警方报案和破案后追溯所有权非常重要的证据。此外照片还对办理保险很有用。当您想把一件独一无二的首饰找人翻版复制时，照片能给定制珠宝商提供必要的复制资料。

如何清理您的首饰

如果希望您的钻石首饰能最大限度地展现它的美，那么保持清洁是必不可少的。化妆品、粉末以及皮肤分泌出的油脂形成的薄膜会使钻石看起来变暗淡。您也许会为这么薄薄一层膜能如此影响您的宝石的亮度感到惊奇，所以，学会如何去定期地清理它们并保持清洁是很必要的。

最简单、最容易的清理首饰的方法是把首饰泡在温温的肥皂水里。一小碗温肥皂水，加点洗洁精，先把首饰放入泡几分钟，然后用一个眉毛刷或者软毛牙刷轻轻地刷，首饰保持浸没在肥皂水里，再拿到水龙头下冲洗（请确保水龙头下的下水口是关闭的，不然有被冲入下水口的风险，冲洗前在下水口上面放一张铜网筛是比较安全的），最后拿一块不起毛的布或者纸巾擦干。

没有镶嵌其他宝石的钻石首饰可以放入氨水和热水等比例配好的溶液中清洗，注意热水不能是开水，必须放手指进去确认不会烫手，这样能非常有效地除掉钻戒上的污垢和脏点。把首饰放在里面泡几分钟，然后轻轻地刷刷，认真冲洗，用不起毛的干布擦干。记住，大部分宝石不能用氨水浸泡，否则可能会损伤抛光层的光泽，但是用温肥皂水清洗对任何宝石都有效果。

布莱特牌（Brite）离子型珠宝快速清洗机。

谨慎使用珠宝清洗剂和超声波清洗器

商用珠宝清洗剂通常并不会比我上面推荐的方法更有效，这些东西看起来很流行，是因为它们使用起来很便利。在任何情况下，不要把还镶嵌有其他宝石的钻石首饰浸泡在商用珠宝清洗剂里超过几分钟。把类似于祖母绿或者紫水晶这样的宝石放到商用珠宝清洗剂里时间稍长，珠宝表面就会被腐蚀，这会严重降低宝石的表面光泽。绝不要用包含氨水或者刺激性化学品的商用珠宝清洗剂来清洗镶有珍珠的钻石首饰。对于一些比较复杂的首饰，可以试试新的离子型清洗剂，它们通常对所有宝石都比较安全且有效，使用便利且价格实惠。

钻石还可以用超声波清洗仪来清洗。然而，对于大部分宝石来说，我不推荐使用超声波清洗仪来清洗，因为可能导致一些宝石原有的裂隙扩张甚至整个宝石开裂。

用“宝石印象”这种服务来保护您的钻石

宝石印象（Gemprint）是一种独特的服务，曾经可以由全美国的保险评估人提供，如今单一地通过宝石鉴定与保障实验室提供。尽管这种服务的流程和要求等不是那么简单、安全（比如重新切磨过的钻石就可能会影响“宝石印象”的可靠性），但它在找到和送还丢失的钻石方面起到越来越重要的作用。

宝石印象提供一种快捷而且实用的方法来鉴别钻石。即便一颗钻石已经镶嵌了，通过捕捉低能级激光束打在钻石上反射回来的图像，每颗钻石都会产生一个独特的图案，就像人类的指纹，没有两颗宝石的印象是一样的。钻石的这种特殊的宝石印象信息被储存在宝石鉴定与保障实验室的国际数据库中，感兴趣的执法机构凭借这些信息就能在一颗钻石被追缴时辨认其原本的所有者。

如果宝石曾经遗失或者被盗，您或者您的承保人发送一份遗失公告给宝石印象机构，他们会告知相应的执法机构，警方能把那些找回来的钻石进行鉴定，并对照查找之前登记了的遗失钻石相关鉴定信息，其中许多钻石会返还给正当权利所有人。作为另一层保护，宝石印象机构也会在确认并存储这些登记信息前检查每颗新登记的宝石信息，以确认被盗或者遗失的钻石的申报信息与之前的登记信息吻合。一颗钻石哪怕被修补、清洗或者重新镶嵌过，宝石印象同样能检查出来，这样能确保遗失宝石物归原主。

慢慢地，美国的珠宝商销售的钻石不仅提供 GIA 的鉴定报告，而且还提供 GCAL 的带有“宝石印象”信息的鉴定证书。如果您现在打算购买的钻石或者之前已经买了的钻石没有 GCAL 的带有宝石印象信息的鉴定证书，我推荐您送去做这样的鉴定。一位好的珠宝商或者评估师会把您的钻石送去 GCAL 实验室，其实他们仅仅象征性地收费用，但您得到的不仅是对宝石有保障的宝石印象信息，还包括一份关于自身品质和切工等补充信息的鉴定证书，这给宝石的质量安全提供了另一层保障。

无论您想购买一颗钻石或者把一颗钻石进行修补、重新切磨或者重新镶嵌，注册宝石印象信息是另外一种保障您的投资的途径。

一种被称为宝石图像安全（ImaGem Secure）的类似指纹识别的服务最近变得越来越普及。更多关于宝石图像安全的相关信息请登录网站：www.imageminc.com。

激光字印：安全与浪漫

许多宝石鉴定实验室的激光字印服务的费用很低。在美国，提供激光字印服务的实验室包括宝石鉴定与保障实验室、专业宝石科技实验室、美国宝石学院；在欧洲有比利时高阶层钻石议会实验室和瑞士珠宝研究院。激光字印对于提供鉴定标记或者品牌名称很有用，还可以记录对应的鉴定实验室报告编号。许多大公司销售的一些大钻石会把他们的公司 logo 和注册编号用激光打在腰棱部位。

为了获得浪漫的效果，激光字印还可以打印一些私密的信息，或者一个特殊的时间、场合或者个人图案等内容。这种服务通常能在两天内完成。如果没有超常的大量字符或者复杂图案，正常费用约为50美元。

PART 4

第四部分

购买前和购买后的重要建议

第 18 章　购买钻石时应该问什么问题

购买钻石时提出正确问题的关键是知道自己要什么，这也是确保比较不同珠宝商的钻石的唯一方法。确保珠宝商可以回答您的问题，或者为您找出答案，然后，确保珠宝商愿意把这些答案反映在您的销售单上，最后由珠宝质量检验师检验复核。这样您就可以在质量和价格方面做到知情，并对所购得的钻石再无疑问；基于信任，您和珠宝商会建立稳固的买卖关系；而如果这颗钻石与描述并不一致，您会马上了解情况，并要求退款。

购买钻石时应该问的问题

购买 1 克拉或者 1 克拉以上的好钻石时，您能够了解到一些非常详细的信息；而对于小一点的钻石，这些信息可能较难

塔科尼（Tacori）设计的“永恒扭动”钻石戒指可在一些精品首饰店买到。塔科尼这个牌子的首饰相对于其他的有溢价，因为它有着精良的做工以及时尚的设计。如果您想购买该设计师作品首饰，请一定要问清楚这是一款真正的塔科尼品牌首饰还是其他设计师品牌的首饰，这点需要写入销售清单。

得到，因为大部分珠宝商并不会花费大量的时间来为其精确定级。一名经验丰富的珠宝商应该能够为半克拉以上的钻石提供质量信息。事实上，目前一些宝石实验室能够为半克拉或更小的钻石出具分级报告。

另外，因为镶嵌钻石是不能够精确定级的，所以我建议 1 克拉及以上的好钻石应选择买裸石，或者从托上取下鉴定后再重新镶嵌。在镶嵌着许多小钻石的首饰上，钻石应该在镶嵌前就进行了分级，相关信息可能标注在销售标签上。如果没有标注，则极难确定它们的真正质量，镶嵌后有很多信息可能被隐藏。我建议仅从知识渊博且具良好声誉的珠宝商处购买此类首饰。以下是购买钻石时应该问的基本问题，以及需要包含在销售单上的信息。

1. 钻石精确的克拉重量是多少？确定卖家提供的重量单位是裸石的重量，而非镶嵌后的总重量。（详见第二部分第 8 章）

2. 钻石的颜色级别是什么？用的是哪种分级体系？（详见第二部分第 6 章）

3. 钻石的净度级别是什么？当然，也要清楚用的是哪种分级体系？（详见第二部分第 7 章）

4. 钻石的琢形是什么？圆钻形、梨形、马眼形？（详见第二部分第 5 章）

5. 钻石的切工怎么样？什么原因影响了它的切工级别：理想、优秀、好？（详见第二部分第 5 章）

6. 钻石的精确尺寸是多少？

7. 钻石是否有分级报告或证书？应要求提供全面的报告。（详见第二部分第 9 章）

要清楚钻石分级报告用的是哪种分级体系。如果使用的是 GIA 分级体系，那么一定要问分级时是否遵循了 GIA 的相关标准和方法。

确保获得钻石精确的毫米尺寸。对于镶嵌好的钻石，尺寸可以是估计的：对于一颗圆钻，确保自己获得了直径的两个数据，因为大多数圆钻并不是圆的，您需要其中最大的和最小的直径；而对于花式形状的钻石，需要得到长度和宽度；当然，您也需要获得钻石从台面到底尖的尺寸，也就是钻石的深度。

特别注意，如果钻石在珠宝商的备忘录或销售单中注明是寄售或可能有售，那么必须获得钻石书面形式的尺寸以避免钻石被换掉。而一旦被换，您也有要求退货的理由。

记得询问钻石是否有证书或分级报告，如果有的话，确保它和钻石是放在一起的。如果珠宝商允许，您可以要一个副本；如果没有，您需要了解是什么导致了钻石的颜色和缺陷等级，确保卖方将这些信息注明在销售单上，并坚持钻石必须按其实际分级情况销售。

帮您挑选钻石的其他方法

钻石是不是够大　这是一个非常有用的问题，也是一个您必须诚实、忠于自己内心的问题。如果认为钻石太小了，那么佩戴着它，您不会感到开心。净度和颜色等其他因素相差几个级别对肉眼并没什么明显差异，但却可以使您得到一颗更大的钻石，而且首饰的颜色和镶嵌的款式都可以使钻石看起来更大一些。

钻石的切工怎么样　它的比例是否合理？和理想琢形的比例对比怎么样？记住，即使钻石在比例上并没有严格遵循理想形比例，甚至有很大的差异，钻石依旧可以很漂亮。虽然话这么说，但您肯定还是不想要一颗比例差的钻石。如果您对钻石的明亮和闪烁有疑问，如果钻石看上去像一团死气或有暗淡无光的斑点，您应该特别询问清楚钻石的切工比例。此外，您应该问一下是否存在导致钻石易被破坏的切割失误，例如，非常薄的腰会使钻石易碎。

钻石的净度有没有经过改善　一定要询问是否经过激光处理或裂隙充填（见第二部分第7章）。如果钻石有GIA的证书，那么证书上将会注明是否经过激光处理。然而，GIA并不给经过裂隙充填的钻石出具证书，一些珠宝商也不知道如何检测它们。如果没有GIA证书，那么一定要问清楚钻石的净度是否经过了改善，并获得书面声明。这样的说明会让您明白激光处理代表钻石经过了改善。

这颗钻石有荧光吗　一颗有蓝色荧光的钻石，在日光或日光灯下看起来会比实际更白，只要钻石的分级没有错误，那么这有可能是一个理想的质量选择。钻石也可能会有黄色荧光，这意味着在特定的灯光下，其颜色会比实际要差。如果钻石有分级报告，那么荧光也将在上面注明。如果没有分级报告，而且珠宝商也不能告诉您一颗钻石是否有荧光时，那么钻石的颜色级别可能是不正确的。

购买钻石时的特殊秘诀

要求珠宝商清洗钻石

在您检查钻石前，不要忘记让珠宝商清洗钻石。清洗可以去除灰尘、油脂或擦不掉的紫色墨水，最好用蒸汽或超声波清洗钻石。清洗也有助于确保您看到钻石美丽的全貌。顾客的触摸会使钻石变得非常脏，从而导致钻石看起来并不是那么明亮和闪闪发光。

在白色无荧光的背景下观察钻石

对于未镶嵌的钻石，应在白色无荧光的背景下观察，例如，白色的笔记本纸或白色的名片，或者是专用的比色卡。在白色背景下观察钻石，您通过钻石看到的是白色背景而不是桌子（见第二部分第 6 章）。倾斜钻石，靠近光源，光源最好用日光灯。用这种方法观察钻石，更容易看到可以显著影响价格的微小的色调差异。如果钻石从腰部可见明显的黄色，那么它不是“最优等”或“次优等”，而是“较白”或“次白”。一颗真正的无色钻石（D 色级）像冰块一样无色，而 E~F 色级的钻石，则有着非常难以观察到的轻微的色调。

销售单要注明钻石信息

要求卖家在销售单上注明涉及钻石的所有信息，包括钻石的克拉重量、颜色和净度瑕疵级别、切工、尺寸。同时，要确保任何带证书的钻石其证书出自正规的珠宝鉴定机构。

首饰还应包括的其他信息 如果这件首饰是由著名的设计师或品牌，如梵克雅宝（Van Cleef and Arpels）、蒂芙尼、卡德威尔（Caldwell）、卡地亚（Cartier）等制作的，那么其价格会反映品牌的价值；设计师或珠宝公司的名字也应该在销售单上显示。如果首饰是一件古董（学术上，一件古董必须有至少 100 年的历史），或者是一件受追捧的时代的作品，如装饰艺术时期、新艺术运动时期，或爱德华时代（尤其是这个时期顶级工匠制作的），这些信息和制作首饰的大致年代或日期以及一份描述制作条件的声明，都应该包括在销售单上。如果这件首饰是由手工制作或私人定制的，也需要在销售单上注明。如果这件首饰可试戴，确保销售方提供首饰精确的毫米尺寸——高度、长度、宽度或者直径，以及一个整体的描述。同时，要确保销售单上注明此首饰有一定时间的试戴周期，在此时间段内可以退货，如两天。在您签单前，确保自己签的是一份协议而非空白合同。

向珠宝鉴定师查证

一颗1克拉及以上的钻石，如果没有知名实验室出具的报告，应在一名合格的珠宝鉴定师或珠宝鉴定机构抑或GIA验证以后再决定是否购买。虽然GIA不为钻石估价，但它将验证钻石的颜色和缺陷等级、切工、荧光、克拉重量和其他物理特征。如果钻石已经有了报告，珠宝鉴定师可以确认钻石的质量是否与其报告上的信息相匹配，以保证报告本身的真实性。无论钻石是否有实验室出具的报告，向一位独立的珠宝鉴定师验证事实都是非常有必要的（参见第四部分第21章）。

权衡现实

想清楚什么对您是重要的，然后权衡现实。大多数人在购买钻石时，认为颜色和切工是最为重要的考虑因素，但是如果您想要一颗更大的钻石，您可能不得不降低颜色的等级，选择稍带色调的，或选择一种看起来比传统圆钻形切割更大的新的形状。所以购买钻石时，最重要的就是知道您想要的和自己能支付得起的。

第19章　如何选择信誉好的珠宝商和宝石顾问

这个问题很难给予建议，因为对我的建议有很多免责条款。在商业中，一家公司的规模和经营时间长短并不总是绝对可靠的指标。一些个人的小珠宝公司可能非常有声望，而其他的则不是。一些成熟的公司，已经在多年的经营中建立起最高标准的诚信和认知，而其他的可能在很多年前就已经失去了诚信。

对于普通消费者，有一点值得强调的是，价格本身并不是一个显示卖方诚信和认知的可靠指标。除了消费者们不易看出的质量变化，不同的珠宝制造过程也可以造成明显的价格差异，许多首饰加工商批量生产优质的珠宝首饰卖给全国性的珠宝商。批量生产的珠宝首饰，有很多都是美丽的经典款式，通常比手工制作的首饰、独一无二的作品、限量生产的首饰要便宜得多。一些设计师的作品可能仅在少数机构供人挑选，价格可能包含了由设计、品牌声誉和限量出售等因素导致的溢价。手工制作或独一无二的作品总是更加昂贵，因为初始生产成本是由单个买家支付，而不是众人分摊，这点有如大批量生产的产品，其价格通常会偏低。

此外，珠宝首饰的价格也随着商家的不同、零售利润的要求以及众多因素的不同而发生变化，包括不同的保险范围、安全成本、信用风险、教育和培训成本，以及一些特殊服务，如内部设计和私人定制的生产和修复、客户服务政策等。

明智挑选钻石的最好方法是货比三家，去几家所在区域较好的珠宝公司，比较他们提供的服务、销售人员的业务水平、产品的质量、特定项目的价格，这会让您明白自己所在区域的市场情况。在调研时，记得问恰当的问题来确保其具有可比性，并注意设计和制造上存在的差异。在此过程中，下面这些问题可能有用。

1. 这家公司成立有多少年了？通过商业局，快速检查该公司是否有重大的消费者投诉事件。

2. 珠宝商、管理者或所有者的宝石学方面的文凭是什么？在职员工是否有珠宝鉴定师？这家珠宝店是否有自己的实验室？

3. 这家珠宝公司提供什么特殊服务？是否有定制设计服务、别处难得一见的稀有宝石、相关知识培训计划，或者为您想购买的首饰提供摄影服务？

4. 这家珠宝店的商店橱窗怎么样？珠宝首饰的展示是否很好？橱窗里展示的特价商品和招揽顾客的广告是否吸引了您？

5. 珠宝店内的氛围怎么样？销售人员的态度是专业的、友善的、有品味的，还是催促性的、偏执的、吓人的？

6. 珠宝店的退货政策是什么？全额退款或者只退代金券？退货期限是多久？退货凭证是什么？

7. 维修和换货政策是什么？

8. 该公司是否有供试戴的首饰？问这个问题并不伤面子。一些珠宝商会提供此类服务，除非您明确知道某个珠宝商不允许这样，因为太多的珠宝商曾遭遇过偷窃、损坏或调换商品的情况。

9. 该珠宝公司能在多大程度上保证其商品与描述一致？这一点需要谨慎。确保您问了恰当的问题，并在销售单上获得了完整、准确的信息，否则将和商家在术语上纠缠。如果珠宝商不能或不愿提供必要的信息，无论自己多么喜欢某一件首饰，我建议您换一家店。如果您购买的钻石被标明“急售”的话，记得在销售单上注明意外条款。

不要被任何胁迫吓到。提防那些说着“相信我”或企图用声明“您不相信我吗”来胁迫您的人，可信赖的珠宝商不会用言语要求您的信任，他（或她）通过学识、可靠，愿意给您所要求写的任何书面信息来获得您的信任。

总之，如果在最开始就货比三家，您会有机会鉴别珠宝商是否知识渊博、信誉良好。除非自己是一个专家，否则多参观几家公司，问几个问题，仔细检查商品，您就会做出正确的判断。

向宝石顾问咨询

最近在珠宝领域出现了一种新的服务，即宝石顾问。有兴趣搜寻一颗非常好的钻石、彩钻，或者某个时期的一件好作品或古董珠宝的人，可能很难在传统珠宝店找到类似物品，他们就会向经验丰富的宝石顾问寻求专业的服务。一位宝石顾问可以提供各种各样的服务，包括通过咨询来帮助您确定真正想要的东西是什么、价值如何，以及得到它的最佳途径；如何处置您现有的珠宝首饰；如何设计或重新加工一件首饰。宝石顾问也可为您提供专业知识来帮助您安稳地从拍卖会和私人处购买钻石或首饰。一位经验丰富的宝石顾问不仅可以使您的钻石更具升值潜力，而且还能为您的珠宝首饰个性化和独特化提供建议和方法。

在闪闪发光的钻石和首饰的世界，宝石顾问与其他所有提供服务的人一样，您一定要检查其专业证书。他们是否有宝石学方面的文凭？他们在这个领域工作了多长时间？他们有自己的实验室吗？在这个领域内他们是否被推荐？有客户推荐他们吗？如果您想出售珠宝，把会谈安排在一个安全的地方，比如银行金库。

相关费用取决于宝石顾问的专业知识、经验水平和任务的性质。一般的咨询，如向一位有着良好履历的顾问咨询如何购买或出售钻石或珠宝，费用为每小时 150 美元到 300 美元。

对于协助收购或出售特殊的宝石、首饰这类项目，宝石顾问有固定收费，有的是按购买或销售额的百分比计费，有的是按小时计费。当我被客户委托时，我会选择上述两种计费方式之一，或者是两种方式相结合，这取决于任务的性质，以及如何能最好地满足客户的需求。

如果您想投诉

如果您想投诉一家公司业务或政策，请联系自己所在城市的工商局。此外，如果珠宝商不如实描述出售给您的物品，请联系珠宝商警戒委员会（JVC），地址：纽约市 45 大街西 25 号 1406 室（25 West 45th Street, Suite 1406, NewYork, NY），邮编：10036，联系电话：（212）997-2002，网址：www.jvclegal.org。这个机构可以为您提供重要援助，调查您的投诉，并采取措施制止该公司在珠宝行业内的欺诈活动。

第 20 章　通过电子商务或线上拍卖购买钻石

电子商务是当前社会的流行语，关于钻石和珠宝的网站几乎每天都在如雨后春笋般涌现出来，在线拍卖网站也在不断兴起。互联网为人们提供了来自世界各地的无穷无尽的商品，这形成了一个虚拟的国际跳蚤市场，人们有着比想象更多的选择，而且价格通常远低于传统的珠宝店。网上购物可以是有趣的，对于知识渊博的买家，网上经常有一些不错的机会，甚至有可能以非常便宜的价格捞到一件真正的“珍藏品”。但是并不是每个人都适合做电子商务和在线拍卖，在网上购买到与描述并不相符的物品的风险非常高。在进入网络空间前，应花几分钟考虑一下网络的一些优点和缺点。

对许多人来说，网上购物最主要的吸引力是便捷。网上购物既快速又简单，能让您在没有销售人员的帮助下自己做决定。对于那些居住在远离珠宝店的偏远地区的人，它提供了一个观看的机会，人们随时可以看看有什么新的和令人兴奋的产品，了解从宝石到最新获奖设计师的最新消息。很多在线销售商还提供教育网站来帮助人们更多地了解自己所购买的东西。对于那些想把重要的礼物留到最后一刻的人来说，互联网可以将珠宝首饰的世界直接呈现在屏幕上，让人随时随地成为真正的拥有者！

网上购物的魅力显而易见，但在大多情况下，并不是所有的网上购物都是这样，涉及钻石和珠宝首饰，网上购物的缺点可能很快就超过了它的优势，尤其是在拍卖网站。

第一个缺点是无法直接查看和比较钻石和珠宝首饰。我希望您已经从先前的章节认识到，这是一个严重的缺点，因为您无法从静态照片中准确判断出其美丽和吸引力。此外，您不能看出一件首饰制作的好坏，也不能将之与相似品进行比较。一定要询问供应商的退货政策，并阅读要点，找出退回商品时的时间要求，以及能否收到退款，小心那些信誉保障不太够的卖家。

另一个严重的问题是缺乏能帮助您确定供应商所提供的信息可靠性的筛选机制。与钻石和珠宝首饰有关的销售信息通常是不完整、不准确的，许多“在线珠宝知识”网站也充满了错误的、不完整的或具误导性的信息，而您也很难找到能够证明在线供应商的能力或信誉度的可靠信息。在付款前，除非找出一个方法来查证事实，否则商家的任何书面声明都可能毫无意义。

总的来说，我在前面的章节警告过的情形同样适用于在线上购买或拍卖会购买。我已经反复强调过，没有受过宝石学专业培训经历、没有从业经验和适当的技术设备，影响珠宝质量和价格的许多因素就无法准确判断。很多在线商家都缺乏必要的专业知识和技能，所以他们的陈述可能是不可靠的。

要采取一切预防措施保护自己，确保自己支付了一个合适的价格。记住，很多互联网公司和个人商家都是身份不明的实体，没有可靠的记录和良好的声誉，这意味着一旦出现问题，解决起来无比困难或根本无法圆满解决，无论购买前有什么“担保”。您也要清楚，自己可能很难或者根本找不到离线的卖家，您不能完全信赖商家提供的评级，因为这在网上很容易被卖方肆无忌惮地操纵。

评估说明和实验室报告提供的一种虚假的安全感

越来越多的在线卖家使用评估说明和宝石检测实验室报告，来加深潜在购买者的信任。不幸的是，这些报告同时也被越来越多的不法商家使用，虚假的评估说明和欺骗性的实验报告也在不断增加，欺骗着一些毫无戒心的买家购买了一些与描述并不相符的东西。我甚至曾经见过带有知名实验室评估报告的钻石，质量与报告并不匹配。如果可能的话，在付款前，确保得到卖方提供的文本形式的独立的鉴定报告（详见第二部分第 10 章）。

同时也要记住，您不能仅在一家实验室的鉴定报告证书或一份评估报告的基础上就进行决断。我曾看过很多拥有“漂亮报告”的宝石，实际上却不美丽，也有一些报告是“可疑的”但宝石却异常美丽的情况（宝石要比报告还要好的情况）。换句话说，您必须同时注意宝石和报告。

在网上可能出现的还包括以下问题：

未能遵守联邦贸易委员会的规章制度的情况　联邦贸易委员会发现有大量不遵守规定的事件发生，最明显的是，卖家提供的描述中，往往忽略了影响质量因素的关键信息、精确的重量，以及对宝石的处理。

价格往往高于平均零售价　不要心存侥幸，认为自己捡到了便宜，谨防虚构的“最低”零售价格，否则您会以一个看似“较低”，实际上却并不低的价格买到东西。许多网络零售商出售的同等质量的珠宝，价格明显要高于专业的独立珠宝商。在网上购物前，多渠道检查价格，包括从您所在地的珠宝商那里。

“批发”的说法可能是误导　目前，对消费者而言，购买线上“批发”产品比购买任何珠宝批发区的珠宝存在的风险都要更大（见第二部分第 10 章），因为您没有看到钻石实体、第一手的珠宝，没有任何东西能保证您碰到的是一位诚信的批发商。许多在网上“批发”购买的人，并没有得到他们认为的便宜货。如果买方能先看到珠宝，并且有机会进行比较选择，那么很多错误都是可以避免的。

在某些情况下，通过当地的银行或宝石实验室作为中介，在卖方收到货款前，安排买方查看宝石，我建议有条件的情况下，尽可能这样做。

商家今天在这里，明天就不见了 在许多被报道的案例中，买家并没有收到他们在网上购买的商品，或者是收到的商品与描述并不一致，但即使这样，买家也没有办法追索，因为一旦交易完成，供应商就找不到了。

线上竞拍——收获和欺诈

在过去的时代里，好的拍卖行是精美珠宝的一个重要来源。拍卖行经常展出一些今天不能复制的复杂工艺的作品，同时也是一些顶级的、稀有的、最华丽的天然宝石的一个重要来源，这些天然宝石往往远超目前开采出来的最好的材料，并且在目前的珠宝贸易市场中不再流通。这样的宝石也许会创造一个非常惊人的价格、一个新的纪录，或者是一些专业的买家可能会认识的，但别的买家却会错过的珍宝。对很多人来说，这一点正是拍卖行如此迷人的原因。

拍卖行还提供拍卖无人认领的财产的服务。但无论最高出价是多少，通常都必须拍卖给出价最高者，这就不能保证您会捡到便宜，因为专业的买家知道拍卖物品的实际价值。有时拍卖物品也会以非常低的价格出售，因为这些物品的价值没有人能够确认，它们被包括拍卖行在内的所有人忽视了！

在拍卖行购买物品可能是一次非常有益的经验，但请记住，即使是在最好的公司，也存在风险。一个人必须非常博学，或者与专家顾问一起，才能识别机会和陷阱。多年来，我曾在信誉良好的拍卖公司见到过很多物件，其中包括合成的宝石、裂隙充填处理过的钻石、扩散处理过的蓝宝石等。

我在本书中强调，在没有亲眼看到并用合适的测试设备检测前，没有人能够完全准确地判断任何优质的宝石。对拍卖而言，适当的检测更为关键，因为拍卖行的责任有限。在亲自查看并用合适的测试设备检测前，我从未在拍卖会上出过价。像安帝古伦（Antiquorum）、佳士得、苏富比这些公司，在拍卖前，都会在全国不同的地方举办展览，给予人们亲自观看的机会，并且在现场和网上同时进行拍卖，方便那些不能出席现场的买家。然而，并不是所有的在线拍卖网站都是如此，许多情况下买家没有机会在竞标前查看物件，在这种情况下，成功往往取决于不可信的运气！

保障也许是一种错觉

对一些拍卖网站而言，您可能会以为自己是受保护的，远离了一些虚假的陈述和有问题的货源，但这只是一种错觉。事实上，您可能并没有追索权。永远别忘记，这种情况下，正确的检测是不可能的，风险极大：您在陌生的货源处盲目地投标，即使货品来源合法，在购买前没有看到钻石或珠宝的实体，收到时一定会失望。一定要仔细地阅读“合同条款”，尤其是“说明、保障条款和责任限制”的相关附属细则。

最近，一位女士联系了我，她从一个在线拍卖网站购买了一颗钻石，在她付款前，曾安排我们检测钻石描述的真实性。她做得非常好，获得了一颗很好的钻石，价格也与合理的批发价具有可比性。在第二次时，她认为她安排了一场类似的交易，她对她所购买到的钻石很是赞赏，认为自己捡了便宜，之后她希望能够在付款前，进一步确认质量，就像她上一次交易一样。然而这就是问题的开始。

卖家描述了钻石的颜色、净度与重量，但却没有任何一家实验室或评估师出具的报告，她出价时意识到了这一点，卖方告知她，她可以找第三方验证。当卖方不接受信用卡或托管安排时，她开始警觉和怀疑，尤其是在她愿意支付全部的托管或信用卡费用的情况下，卖方只同意在收到买方全部货款后，才能把宝石交给第三方验证，而在投标前绝不可以！

我尝试去帮忙，但当我与卖家交谈时，我也开始怀疑。我问卖家她是如何在没有评估师或实验室报告的基础上，提供了这样一个精确的钻石的描述时，她回答说“通过观察”。之后我又问她是不是一位珠宝鉴定师或从事珠宝贸易，她回答说不是，但是她看过“数百颗钻石”并且“知道自己在看什么”，她告诉我她是一名律师，然后开始了她和买家签订的一份具有法律约束力的合同的烦琐陈述，以及买方在投标前也知道她的描述只是她的个人“观点”等。我很快地意识到，这个女人是一位经验丰富的“诈骗者”，她懂得如何合法利用拍卖……以及不被人怀疑。

总之，卖方利用“合同条款、担保和责任限制”这些拍卖网站的既定项目来构建一种场景，然后用来欺骗一些没有经验的人。她知道自己在拍卖网站上的陈述没有文件是无法保障的，现有法律也无法约束这样的网络商家，一旦收到付款，无论独立的评估师揭露了什么，她都不会退还一分钱。

在拍卖会上购物是一次令人兴奋的体验，但是对于非专业人士而言，网上购物总有风险，而且通过在线拍卖网站投标风险更大。美国联邦贸易委员会提醒消费者，网上拍卖欺诈已成为一个严重的问题。据联邦贸易委员会了解，大多数消费者的投诉包括以下情况：

1. 卖家收款后不发货。
2. 卖家送的东西远没有它们描述的有价值。
3. 卖家不及时送货。
4. 卖家未公开产品的所有相关信息或销售条件。

付款形式可提供保护

有一些付款选项可能会提供一些保护。信用卡给消费者提供了最好的保护，通常包括如果物品没有送到，可以向信用卡发行商寻求信用保护。如果卖方不同意，在物品或金钱交换前，也可选择设立一个第三方支付安排（通常有中介费用）或使用值得信赖的第三方验证，如知名的宝石检测实验室等。

总之，无论您在网上买进还是卖出钻石或珠宝（向网络珠宝商家、拍卖网站或个人），利益可能很大，但风险总是远高于传统交易。如果您想要投诉或寻求减少在线买卖风险的信息，您可以写信给美国联邦贸易委员会消费者反应中心，地址：美国华盛顿特区西北宾夕法尼亚大街 600 号，邮编：20580，或登录网站：www.ftc.gov。

网上信息的来源

网上信息有很多来源，却没有可以筛选信息可靠还是不可靠的机制。我们需要关注信息的来源，并警惕珠宝卖家提供的信息。下面这些网站可能会为您提供一些有用的信息：

1.www.accreditedgemologists.org

注册珠宝鉴定师委员会（Accredited Gemologists Association）

2. www.americangemsociety.org

美国宝石协会（American Gem Society）

3. www.antoinettematlins.com

安托瓦内特·马特林斯（Antoinette Matlins, P.G.）

4. www.ftc.gov

联邦贸易委员会（Federal Trade Commission）

5. www.gia.edu

美国宝石学院（Gemological Institute of America）

6. www.jic.org

珠宝信息中心（Jewelry Information Center）

7. www.roskingemnews.com

罗斯金宝石新闻报道（the Roskin Gem News Report）

第 21 章　选择评估师和保险公司

为什么选择一位评估师是重要的

如果您已经购买了一颗钻石或者一件钻石首饰，做一个专业的评估和持续更新是至关重要的，这有四方面的原因：

1. 验证所购买的珠宝的真实性（尤其是在新合成材料和处理方法日益丰富的情况下是非常重要的）。
2. 获得适当的保险以防止盗窃、丢失或损坏。
3. 建立足够的信息，从而合法地索赔被警察找到的珠宝。
4. 如果物件丢失或被盗，可提供足够的信息来换取保险政策所提供的保障，换得同等质量的珠宝。

目前，由于盗窃的高发生率和钻石价格的大幅上升，评估服务的需求大大增加。尤其在决定是否购买前，任何优质的宝石都需要合适的评估。如果宝石没有精确的评估，那么目前的成本和潜在的升值空间就可能成为相应的经济损失。

鉴于近期物价上涨，对宝石进行重新估价，更新其实际价值也是同样重要的。这将确保您所拥有了数年的宝石在可能发生丢失或被盗时得到足够的保险补偿。此外，在遗产税、礼物或者您的净资产的估值等方面也都需要当前准确的评估。

如何找到一位值得信赖的评估师

在过去的几年里，评估行业一直蓬勃发展，许多珠宝公司自身也开始提供此项服务。然而，我必须指出，在本质上，在美国没有任何官方的关于珠宝评估行业的从业指导原则；任何人都可以声称自己是评估师，尽管这个行业中有许多高素质的专业人士，但其中仍旧有一些缺乏提供这些服务所需的专业知识的人，因此谨慎地选择一位评估师是必要的。此外，如果评估的目的是验证宝石的真实性以及它的价值，我建议您选择珠宝鉴定或评估行业中的专业人员，而不是以宝石销售作为其主要职业的人员。

寻找一家值得信赖的宝石检测实验室，请参阅附录国际公认证书中所列的实验室。寻找一名可靠的珠宝评估师，请联系：

Accredited Gemologists Association

c/o G-Force Services, 3315 Juanita St., San Diego.

CA 92105　　（619）501-5444

· Ask for a list of Certified Gem Laboratories or Certified Master Gemologists.

注册珠宝鉴定师协会

地址：美国加利福尼亚州圣迭戈市胡安妮塔大街 3315 号

邮编：92105　　联系电话：（619）501-5444

·可咨询注册宝石实验室或有注册珠宝鉴定师的名单列表。

American Gem Society（AGS）

8881 W. Sahara Ave., Las Vegas.

NV 89117　　（866）805-6500

· Ask for a list of Certified Gemologist Appraisers or Independent Certified Gemologist Appraisers.

美国宝石协会

地址：美国内华达州拉斯维加斯市撒哈拉大街西 8881 号

邮编：89117　　联系电话：（866）805-6500

· 可咨询注册珠宝评估师或独立认证的珠宝评估师名单列表。

American Society of Appraisers

555 Herndon Pkwy., Ste. 125, Herndon.

VA 20170　　（800）272-8258

· Ask for a list of Master Gemologist Appraisers.

美国评估师协会

地址：美国弗吉尼亚州赫恩顿市赫恩顿林荫大道 555 号 125 室

邮编：20170　　联系电话：（800）272-8258

· 可咨询资深珠宝评估师名单。

Association of Independent Jewellery Valuers

Algo Business Centre, Glenearn RoadPerth, Scotland.

PH2 0NJ United Kingdom +44（0）1738 450477

· See www.independent-jewellery-valuers.org for a list of valuers and appraisers.

独立珠宝评估师协会

地址：英国苏格兰珀斯市格里内恩路阿尔戈商务中心

邮编：PH2 0NJ 联系电话：+ 44（0）1738 450477

· 可从其官方网站 www.independent-jewellery-valuers.org 查阅相关的估价员和与评估师名单。

International Society of Appraisers

737 N. Michigan Ave., Ste. 2100, Chicago.

IL 60611　　（312）981-6778

· Ask for a list of Certified Appraisers of Personal Property.

国际评估师学会

地址：美国伊利诺伊州芝加哥市北密歇根大街 737 号

2100 室；

邮编：60611　　联系电话：（312）981 − 6778

· 可咨询注册私人财产评估师名单。

National Association of Jewelry Appraisers

P.O. Box 18, Rego Park.

NY 11374　（718）896−1536

· Ask for a list of Certified Master Appraisers or Certified Senior Members.

国家珠宝评估师协会

地址：美国纽约市雷格公园 18 号邮政信箱

邮编：11374　　联系电话：（718）896 − 1536

· 可咨询有资深注册评估师或注册的高级会员名单。

此外，在选择珠宝评估师时，记住以下建议：

1. 获得一些估价师的名字，然后比较他们的资格证书。一名合格的珠宝评估师要求大量正规的培训和经验。您可以通过打电话给评估师和询问他们的宝石学文凭资历进行初步的检查。

2. 寻找特定的文凭。美国宝石学院和英国宝石协会可提供国际公认的资格证书。美国宝石学院的最高文凭是 G.G. 证书（研究型宝石鉴定师），英国宝石协会的凭证是 F.G.A. 证书，其他宝石协会的资深会员（F.G.A.A. 澳大利亚，F.C.G.A. 加拿大）得有优异的成绩才能获得这种证书。德国是 D.G.G. 证书，亚洲则是 A.G. 证书。确保您选择的评估师拥有其中的一项宝石学文凭证书。此外，当寻找评估师时，注意寻找有 C.G.A. 头衔（注册珠宝评估师）的人，这一头衔是由美国宝石协会授予的，或者寻找由美国评估师协会颁发的 M.G.A.（资深珠宝评估师）。一些没有这些头衔的优秀的珠宝鉴定师和评估师并不属于这些组织，故而没有得到头衔授予。但是目前，在珠宝评估领域，这些头衔是最高水平的代表。任何拥有这些头衔的人，都应该拥有优秀的宝石学资格证书，并遵守职业行为的高标准。在可能的情况下，尽量找一位拥有可以证明其信誉和专业学识的额外的证书的注册珠宝评估师。（更多详情，请参考 www.mastervaluer.com）

3. 检查评估师的工龄。要成为一位值得信赖的珠宝评估师，除了正规培训外，还需要在查看宝石、使用必备仪器进行准确鉴别、价值评估等方面有丰富的经验，以及一定的市场活跃度。评估师应该有在一家仪器齐全的宝石实验室工作几年的经验。

4. 询问评估工作将在哪里开展。一次评估工作通常应该尽可能地在客户面前进行，这一点非常重要，不仅可以确保返还给客户的是相同的宝石，还可以保护评估师免受“偷换”宝石的指控。

在近期内，我鉴定过一枚古老的铂金婚戒，这枚戒指拥有超过二十年的历史，装在一个 20 世纪 20 年代初期的典型的金银丝盒子中。清洗起来非常困难，但当它被清洗干净以后，发现钻石有着明显的褐色调，与其满载污垢时完全不一样。客户提到，她从她已故的婆婆那儿继承了这枚戒指，她的婆婆曾经告诉她，这枚戒指的钻石是蓝白色，如果在这枚戒指清洗和评估时，她不在现场，那么极有可能导致一场法律诉讼，因为她肯定会怀疑钻石被人调换了。这种特殊的情况虽然并不经常出现，但评估师和顾客都应对此小心和警惕。

如果有很多物件，评估将会非常耗时，每一项通常都需要花费约半小时来获得所有规格的数据，在某些情况下，可能需要更长时间，有些工作还需要一定的设备。

评估费用

这是一个敏感且复杂的问题。与其他任何专业服务一样，它有一个合理的收费。费用是公开的或者按顾客不同需求收费，以便使客户在事前就清楚这项服务预期计费多少。费用基本上是根据评估师的专业技能和项目所需的时间，以及所需的文秘工作量来计量的，因为所有的评估工作都应该用文字表述出来。这项工作的收费曾经是有标准的，即按评估价值的一定比例计费，但到目前，这种计费方式已不再被人们采用。今天，美国的所有认证评估师是按评估工作耗时计费或按钻石的克拉数计价的。

无论评估价值有多少， 通常有一个最低评估费用。一名专业的、经验丰富的珠宝评估师每小时收费50美元到150美元不等。费用多少取决于工作的复杂性和执行工作所需的专业知识，您应该在事前清楚评估师每小时的费用以及最低评估费用。

专业认证或专门的宝石学方面的咨询，需要特殊的专业技能，每小时的费用会高达 125 美元到 150 美元，一些额外的服务项目，如摄影、X 射线照相、宝石印象，或彩钻的光谱检查等，都需要额外的费用。

要小心提防某些评估机构，先收取非常低的基础收费，但最后再以评估价值的百分比计费。这是很不合理的。许多机构，例如，美国国税局就不会接受估价师以评估价值百分比计费。

我建议一些估价师为所评估的珠宝拍照，并在照片上标注放大倍数和拍照时间，以及所有者的名字。即使商品被盗或丢失，照片也可以提供一种识别商品的方法，帮助警方追回商品。当您戴着自己的珠宝出国旅游，在经过海关时，照片还可以证明这件珠宝是您自己的而不是在国外购买的。

选择一家保险公司

评估结束后，您的下一步是上一份合适的保险。大多数人没有意识到保险公司的保险范围、赔偿和更换手续有着很大的差异。许多公司不会全额赔付，反而是运作一种叫作“替换”的选择，向参保人支付总计少于总参保物品价值的现金，或者提供这种选择来替换现金。因此，投保前问清精确的保险范围是非常重要的。我建议至少要问清这样几项问题：

1. 保险公司怎么满足顾客的索赔？投保人可以获得足额现金补偿吗？如果不是，现金结算的金额是如何确定的呢？会使用珠宝替换吗？

2. 替换的条款中涉及哪些内容呢？有什么能保障用来替换的宝石能比得上我原来那件的质量和价值呢？

3. 保险合同里宝石不能被替换的范围是什么？

4. 我的投保政策究竟保的是什么险？是保所有的风险吗？包括神秘的失踪？所有时间都有效吗？

5. 这项政策有地域限制吗？

6. 里面有豁免条款和意外吗？遗失里面是否包含了粗心大意？

7. 免赔额是什么意思，是所有的吗？

8. 贵公司需要我提供什么证明材料？

协助保险索赔需要保存您的珠宝照片。拍照并将其存放在一个安全的地方（如银行保险箱）。无论是被盗或是遭遇火灾，这些照片都将有益于描述您的珠宝，补全记忆缺失的其他部分，并在找回后提供鉴别依据。照片作为参保的文件也是很有用的。此外，在计划一次旅行时，无论您是否准备带着珠宝，自己都应该为它们拍照，不需大费周章，只要把它们放在桌子上拍照即可。

APPENDICES

附录

业内知名实验室列表

American Gemological Laboratories （AGL）

580 Fifth Ave., Ste. 706 New York, NY 10036

美国宝石实验室

地址：纽约州纽约市第五大街580号706室 邮编：10036

American Gem Society（AGS）

8881 W. Sahara Ave.Las Vegas, NV 89117

美国宝石协会

地址：美国内华达州拉斯维加斯市撒哈拉大街西8881号

邮编：89117

CISGEM－External Service for Precious Stones

Viale Achille Papa, 30 20149 Milano, Italy

宝石信息中心实验室对外服务部

地址：意大利米兰市维亚莱·阿喀琉斯·帕帕街 30 号 20149 室

Gem Certification and Assurance Lab （GCAL）

580 Fifth Ave., Ste. LL New York, NY 10036

宝石鉴定与保障实验室

地址：纽约州纽约市第五大街 580 号 LL 室 邮编：10036

GEMLAB Laboratory for Gemstone Analysis and Gemological Reports

Gewerbestrasse 3 FL−9496 Balzers, Principality of Liechtenstein

宝石分析与宝石学报告实验室

地址：列支敦士登公国巴尔查斯镇格威比斯塔塞大街 9496 号 3 楼

Gemological Institute of America （GIA）

580 Fifth Ave., Ste. 200.New York, NY 10036 and 5345 Armada

Dr.Carlsbad, CA 92008

美国宝石学院

地址：纽约州纽约市第五大街 580 号 LL 室

以及美国加利福尼亚州卡尔斯巴德市舰队街 5345 号

邮编：10036

German Gem Lab （DSEF）

Prof.−Schlossmacher−Str. 1 D−55743 Idar−Oberstein, Germany

德国宝石实验室

地址：德国伊达尔－奥伯施泰因市施洛斯马赫大街 1 号 D－55743

Gübelin Gem Lab

Maihofstrasse 102 6006 Lucerne, Switzerland

古柏林宝石实验室

地址：瑞士卢塞恩市麦霍夫斯塔塞 102 号 6006 室

Hoge Raad Voor Diamant （HRD）

Hoveniersstraat 22 BE－2018 Antwerp, Belgium

比利时高阶层钻石议会

地址：比利时安特卫普市霍芬内斯塔特大街 22 号 BE－2018

Professional Gem Sciences（PGS）

5 S. Wabash Ave., Ste. 1905.Chicago, IL 60603

专业宝石科技实验室

地址：美国伊利诺伊州芝加哥市南沃巴什大街 5 号 1905 室

邮编：60603

Swiss Gemmological Institute （SSEF）

Falknerstrasse 9 CH－4001 Basel, Switzerland

瑞士珠宝研究院

地址：瑞士巴塞尔市福克纳大街 9 号 CH－4001 室

相关著作选读推荐

Bronstein Alan, and Stephen C. Hofer. *Forever Brilliant: The Aurora Collection of Colored Diamonds.* New York: Ashland Press, 2000. An excellent guide to the world of colored diamonds.

阿兰·布朗斯坦和斯蒂芬·霍弗,《永恒的辉煌: 极光彩钻》,纽约，亚什兰出版社，2000 年。一本优秀的彩钻指南读物。

Bruton Eric. *Diamonds.* 2nd ed. Radnor, Pa.: Chilton, 1978. An excellent, well-illustrated work for amateur and professional alike.

埃里克·布鲁顿,《钻石》第二版,美国宾夕法尼亚州拉德诺,查尔顿出版社，1978 年。一本适用于业余爱好者和专业人士的插图精美的书。

Hofer Stephen C. *Collecting and Classifying Coloured*

Diamonds. New York：Ashland Press, 1998. A lavish, comprehensive work essential for anyone with a serious interest in the subject.

斯蒂芬·霍弗，《彩钻收藏与分类》，美国纽约，亚什兰出版社，1998年。一本精美的适用于所有对此感兴趣的人士的书。

Koivula John I. *the MicroWorld of Diamonds：a Visual Reference.* Northbrook,Ill.：Gemworld International, 2000. Presents an intriguing look at diamonds through the microscope in four hundred color photographs.

约翰·I. 科伊武拉，《钻石的显微世界：视觉参考》，美国伊利诺伊斯州诺斯布鲁克市，《国际珠宝世界》杂志社，2000 年。推出了通过显微镜观察钻石展现出的 400 多张彩色照片。

Matlins Antoinette. *Colored Gemstones：the Antoinette Matlins Buying Guide—How to Select, Buy, Care for & Enjoy Sapphires, Emeralds, Rubies and Other Colored Gems with Confidence and Knowledge.* 3rd ed. Woodstock, Vt.：Gem-Stone Press, 2010. Covers every aspect of colored gemstones in detail, from their symbolic attributes to current frauds.

安托瓦内特·马特林斯，《彩色宝石》第三版，美国佛蒙特州伍德斯托克，宝石出版社，2010 年。此书全面覆盖了彩色宝石的方方面面，从特征属性到当前的各种骗局等。

——. *Jewelry & Gems at Auction: the Definitive Guide to Buying & Selling at the Auction House & on Internet Auction Sites*. With Jill Newman. Woodstock,Vt.: GemStone Press, 2002. Everything anyone needs to know to buy gems and jewelry at auction.

《珠宝和宝石拍卖指南》，安托瓦内特·马特林斯与吉尔·纽曼合著，美国佛蒙特州伍德斯托克，宝石出版社，2002年。适用于想要了解如何在拍卖会购买珠宝的所有人。

——. *The Pearl Book: the Definitive Buying Guide—How to Select, Buy, Care for &Enjoy Pearls.* 4th ed. Woodstock, Vt.: GemStone Press, 2008. Covers every aspect of pearls, from lore and history to complete buying advice. An indispensable guide for the pearl lover.

安托瓦内特·马特林斯，《珍珠》第四版，美国佛蒙特州伍德斯托克，宝石出版社，2008年。此书覆盖了珍珠从基本知识、历史到选购建议的方方面面，是一本珍珠爱好者不可或缺的指南书籍。

Matlins Antoinette and A. C. Bonanno. *Engagement & Wedding Rings: the Definitive Buying Guide for People in Love.* 3rd ed. Woodstock, Vt.: GemStone Press,2003. Everything you need to know to select, design, buy, care for, and cherish your wedding or anniversary rings—his and hers. Beautiful photos of rings.

安托瓦内特·马特林斯、A. C. 博南诺，《承诺与婚戒》第三版，佛蒙特州伍德斯托克，宝石出版社，2003 年。此书包括了如何为您心爱的她（他）挑选、设计、购买、保养和养护婚戒的所有知识，书中有很多精美的戒指照片。

——. *Gem Identification Made Easy: a Hands—On Guide to More Confident Buying & Selling*. 4th ed. Woodstock, Vt.: GemStone Press, 2008. A nontechnical book that makes gem identification possible for anyone. A must for beginners, and the experienced may pick up a few tips, too. Practical, easy to understand.

安托瓦内特·马特林斯，《宝石鉴定》第四版，美国佛蒙特州伍德斯托克，宝石出版社，2008 年。一本使宝石鉴定简单化的非技术性书籍，是初学者必要的参考书，其中有很多的秘诀，实用且易于理解。

——. *Jewelry & Gems: the Buying Guide—How to Buy Diamonds, Pearls, Colored Gemstones, Gold & Jewelry with Confidence and Knowledge*. 7th ed. Woodstock, Vt.: GemStone Press, 2009. The only book of its kind ever offered by Consumer Reports ; in use in over one hundred countries.

安托瓦内特·马特林斯，《珠宝和宝石：购买指南》第七版，美国佛蒙特州伍德斯托克，宝石出版社，2009 年。这是唯一一本《消费者报告》推荐的、发行超过 100 个国家的书。

Pagel-Theisen Verena. *Diamond Grading ABC.* 10th ed. New

York： Rubin & Son,1990. Highly recommended for anyone in diamond sales.

维丽娜·帕格尔－泰森，《钻石分级 ABC》第十版，纽约，鲁宾 & 颂恩出版社，1990 年。此书高度推荐给做钻石销售的所有人。

Roskin Gary A. *Photo Masters for Diamond Grading.* Northbrook, Ill.： Gemworld International, 1994. A good reference with extraordinary photos for anyone interested in diamonds.

加里·A. 罗斯金，《钻石分级摄影大师》，美国伊利诺伊州诺斯布鲁克，《珠宝国际世界》杂志社，1994 年。一本图片精美，适用于所有对钻石感兴趣的人的参考书。

图表与图片出处注明

图表

这里展示的所有图表都是为这本书特别设计使用的，当然，其中有一些参考了其他出版物，在此对所有引用表达感谢，本书引用的图表如下：

第 101 页：图表“不同琢形钻石的规格与重量对照表”，得到了美国宝石学院的版权许可，源自其书籍《珠宝商手册》（*the Jewelers' Manual*）。

第 102 页：图表“圆形明亮琢形的钻石直径与重量对照表”，得到了美国宝石学院的版权许可，源自书籍《珠宝商手册》。

第 170 页：图表“钻石与相似品的区别对比”，得到了美国宝石学院的版权许可，源自其刊物《钻石工作》（*Diamond Assignment*）第 36 期 27 页。

图片

所有插图由凯瑟琳·罗宾逊（Kathleen Robinson）绘制。

这一版中，我要感谢许许多多的朋友和公司为本书提供的照片。如果对应的公司和设计师没有列在图片的说明中，您将会在以下的资料中找到相关信息。

第 32 页：八星琢形钻石来自八星钻石公司（EightStar Diamond Company），摄影：理查德·范·斯腾伯格（Richard von Sternberg）。

第 35 页：切工观察镜下的钻石图，来自八星钻石公司，摄影：理查德·范·斯腾伯格。

第 44 页：雷迪恩琢形和比罗 88 琢形钻石，来自尤金·比罗公司（Eugene Biro Corp.）。克里斯琢形钻石来自克里斯托弗设计公司（Christopher Designs），摄影：克里斯托尼公司（Christony, Inc.）。公主方琢形钻石来自美国宝石学院。亿万方琢形钻石来自安巴尔钻石（Ambar Diamonds）。太阳之魂琢形和康泰克斯琢形来自弗雷斯勒本（Freiesleben）。闪亮星琢形来自蒂芙尼公司，摄影：莫妮卡·史蒂文森（Monica Stevenson）。蒂安娜琢形来自布里特星钻石有限公司（Brite Star Diamond Co., Ltd.）。

第 49 页：现代镶工的阿斯切琢形钻石的戒指来自皇家阿斯切钻石有限公司（Royal Asscher Diamond Company, Ltd.）；现代镶工的垫形老矿琢形的钻石戒指，来自J. 比尔恩巴赫 /J. B. 国际；梯形和半月琢形钻石来自多伦 · 伊萨克（Doron Isaak）；水滴琢形钻石来自J. 比尔恩巴赫 /J. B. 国际。

第51页：阶梯式琢形和明亮式琢形钻石来自新钻石联络公司（NDCC）提供的一幅相关图表。

第63页：戒指和项坠来自贝拉泰尔钻石公司（Bellataire Diamonds, Inc.）。

第82—83页：羽状纹图片来自D. 杰斐（D. Jaffe），美国宝石学实验室；激光钻孔照片和台面的原始晶面图片来自R. 布西（R. Bucy），哥伦比亚珠宝学院（Columbia School of Gemology）。除非另有说明的，其他的图片都来自GIA。

第88页：无瑕的钻石来自贝拉泰尔钻石公司，轻微瑕疵（SI_2）的钻石，来自尤金 · 比罗公司（Eugene Biro）。

第91页：闪光效应图片来自罗恩 · 耶胡达（Ron Yehuda），耶胡达钻石公司（Yehuda Diamond Co.）。

第150页：从左到右的戒指，分别来自J. 比尔恩巴赫 / J. B. 国际，钻石信息服务公司（Diamond Information Services），安德烈 · 切尔文（Andre Chervin）。

第151页：天然颜色的钻石和高温高压处理钻石来自森克雷斯特钻石公司（Suncrest Diamonds）/ 桑尼 · 蒲伯（Sonny Pope）。

第152页：高温高压处理彩色钻石来自朗讯钻石公司（Lucent Diamonds），摄影：蒂诺 · 哈米德（Tino Hammid）。

第153页：镶嵌有辐照法改色的黄色钻石的戒指来自尼斯

钻石公司（Nice Diamonds）。

第 181 页：各色天然彩色钻石来自阿兰·布朗斯坦（Alan Bronstein）的欧若拉收藏（Aurora collection）系列。

第 184 页：“温斯顿蓝”钻石来自佳士得拍卖行（Christie' s），“约瑟芬的蓝月亮”来自索斯比拍卖行（Sotheby' s）。

第 185 页：系列粉色钻石来自 H. 斯特恩。

第 186 页：有着多种黄色小钻的耳饰来自塞西·库蒂尔。

第 187 页：从左上角顺时针排，手镯来自马丁格·鲁伯（Martin Gruber），戒指来自伊莱首饰（Eli Jewels）的阿蒂亚收藏（Attia Collection），耳饰来自 J. 比尔恩巴赫 / J. B. 国际，水滴琢形钻石来自佳士得拍卖行，戒指来自 J. 比尔恩巴赫 / J. B. 国际。

第 188 页：未镶嵌的三颗钻石来自天然彩色钻石协会（NCDIA），戒指来自雷蒙德·哈克。

第 190 页：淡彩粉色椭圆琢形钻石来自吉诺·迪·格索（Gino Di Geso）提供，艳彩蓝色水滴琢形钻石来自佳士得拍卖行；其他钻石由来自斯卡瑟利钻石公司（Scarselli Diamonds）。

第 191 页：从左到右两颗精美的粉色钻石，来自达昂（Dahan）的收藏。

第 217 页：CVD 法实验室合成的无色钻石由查塔姆公司（Chatham Created Gems and Diamonds）提供。

第 225 页：戒指来自西蒙·G. 首饰公司（Simon G. Jewelry）。

第 226 页：古代的足金项饰图片由大英博物馆（the British Museum）提供。

第 231 页：结婚戒指来自克里斯蒂安·鲍尔（Christian Bauer）。

第 233 页：戒指来自乔治·索耶（George Sawyer）。

第 239 页：英王爱德华时代的铂金首饰收藏，摄影：斯凯·霍尔（Sky Hall）。

第 244 页：合金镀铑镶钻石戒指来自惠特尼·波音。

第 245 页：最下面的戒指来自皇家阿斯切钻石公司。

第 247 页：现代风格的铂金手镯来自亚伦·亨利。

第 248 页：红色 18K 彩金和锻造不锈钢做的镶钻戒指，来自盖亚·佩利坎（Gaia Pelikan）。

第 251 页：从左至右，分别来自皇家阿斯切钻石公司（Asscher Diamond Company, Ltd.）； 拉扎尔·卡普兰国际（Lazare Kaplan International）。

第 252 页：来自拉扎尔·卡普兰国际，J. 比尔恩巴赫 /J. B. 国际。

第 253 页：从上至下，分别来自萨莎·普利马克； J. 比尔恩巴赫 /J. B. 国际，由彼得·赫斯特（Peter Hurst）摄影；丽莎·克里斯（Lisa Chris）和理查德·马松（Richard Mason）。

第 254 页：从上至下，分别来自 H. 斯特恩，亚伦·亨利。

第 255 页：左图三石联排戒指由约翰·戴维· 库尼设计，右图经典的三石戒指来自尤金·比罗公司。

第 256 页：非常适合热爱运动的人佩戴的首饰来自蒂娜西格尔（Tina Segal）。

图书在版编目（CIP）数据

钻石 /（美）安托瓦内特·马特林斯著；刘知纲译
．-- 北京：中国友谊出版公司，2024.6
ISBN 978-7-5057-5758-5

Ⅰ．①钻… Ⅱ．①安… ②刘… Ⅲ．①钻石-基本知识 Ⅳ．①TS933.21

中国国家版本馆CIP数据核字(2023)第225630号

著作权合同登记号 图字：01-2023-4359

书名 钻石
作者 [美] 安托瓦内特·马特林斯
译者 刘知纲
出版 中国友谊出版公司
发行 中国友谊出版公司
经销 新华书店
印刷 天津丰富彩艺印刷有限公司
规格 880毫米×1230毫米 32开
11印张 228千字
版次 2024年6月第1版
印次 2024年6月第1次印刷
书号 ISBN 978-7-5057-5758-5
定价 98.00元
地址 北京市朝阳区西坝河南里17号楼
邮编 100028
电话 （010）64678009

如发现图书质量问题，可联系调换。质量投诉电话：（010）59799930-601

创美工厂® | 壹品 新奇有趣

出 品 人：许　永
出版统筹：林园林
责任编辑：许宗华
特邀编辑：吴福顺
　　　　　陈珮菱
封面设计：海　云
版式设计：万　雪
印制总监：蒋　波
发行总监：田峰峥

发　　行：北京创美汇品图书有限公司
发行热线：010-59799930
投稿信箱：cmsdbj@163.com